사고력도 탄탄! 창의력도 탄탄!
수학 일등의 지름길 「기탄사고력수학」

♛ 단계별·능력별 프로그램식 학습지입니다

유아부터 초등학교 6학년까지 각 단계별로 4~6권씩 총 52권으로 구성되었으며, 처음 시작할 때 나이와 학년에 관계없이 능력별 수준에 맞추어 학습하는 프로그램식 학습지입니다.

♛ 사고력·창의력을 키워 주는 수학 학습지입니다

다양한 사고 단계를 거쳐 문제 해결력을 높여 주며, 개념과 원리를 이해하도록 하여 수학적 사고력을 키워 줍니다. 또 수학적 사고를 바탕으로 스스로 생각하고 깨닫는 창의력을 키워 줍니다.

♛ 유아 과정은 물론 초등학교 수학의 전 영역을 골고루 학습합니다

운필력, 공간 지각력, 수 개념 등 유아 과정부터 시작하여, 초등학교 과정인 수와 연산, 도형 등 수학의 전 영역을 골고루 다루어, 자녀들의 수학적 사고의 폭을 넓히는 데 큰 도움을 줍니다.

♛ 학습 지도 가이드와 다양한 학습 성취도 평가 자료를 수록했습니다

매주, 매달, 매 단계마다 학습 목표에 따른 지도 내용과 지도 요점, 완벽한 해설을 제공하여 학부모님께서 쉽게 지도하실 수 있습니다. 창의력 문제와 수학 경시 대회 예상 문제를 단계별로 수록, 수학 실력을 완성시켜 줍니다.

♛ 과학적 학습 분량으로 공부하는 습관이 몸에 배입니다

하루 10~20분 정도의 과학적 학습량으로 공부에 싫증을 느끼지 않게 하고, 학습에 자신감을 가지도록 하였습니다. 매일 일정 시간 꾸준하게 공부하도록 하면, 시키지 않아도 공부하는 습관이 몸에 배게 됩니다.

「기탄사고력수학」은
체계적이고 장기적인 프로그램으로
꾸준히 학습하면 반드시 성적으로 보답합니다

✿ 스몰 스텝(Small Step)방식으로 꾸준히 학습하면 성적이 올라갑니다

「기탄사고력수학」은 단순히 문제만 나열한 문제집이 아닙니다. 체계적이고 장기적인 학습프로그램을 통해 수학적 사고력과 창의력을 완성시켜 주는 스몰 스텝(Small Step)방식으로 꾸준히 학습하면 반드시 성적이 올라갑니다.

✿ 하루 3장, 10~20분씩 규칙적으로 학습하게 하세요

매일 일정 시간에 일정한 학습량을 꾸준히 재미있게 해야만 학습효과를 높일 수 있습니다. 주별로 분철하기 쉽게 제본되어 있으니, 교재를 구입하시면 먼저 분철하여 일주일 학습 분량만 자녀들에게 나누어 주세요. 그래야만 아이들이 학습 성취감과 자신감을 가질 수 있습니다.

✿ 자녀들의 수준에 알맞은 교재를 선택하세요

〈기탄사고력수학〉은 유아에서 초등학교 6학년까지, 나이와 학년에 관계없이 학습 난이도별로 자신의 능력에 맞는 단계를 선택하여 시작하는 능력별 교재입니다. 그러나 자녀의 수준보다 1~2단계 낮춘 교재부터 시작하면 학습에 더욱 자신감을 갖게 되어 효과적입니다.

교재 구분	교재 구성	대 상
A단계 교재	1, 2, 3, 4집	4세 ~ 5세 아동
B단계 교재	1, 2, 3, 4집	5세 ~ 6세 아동
C단계 교재	1, 2, 3, 4집	6세 ~ 7세 아동
D단계 교재	1, 2, 3, 4집	7세 ~ 초등학교 1학년
E단계 교재	1, 2, 3, 4, 5, 6집	초등학교 1학년
F단계 교재	1, 2, 3, 4, 5, 6집	초등학교 2학년
G단계 교재	1, 2, 3, 4, 5, 6집	초등학교 3학년
H단계 교재	1, 2, 3, 4, 5, 6집	초등학교 4학년
I 단계 교재	1, 2, 3, 4, 5, 6집	초등학교 5학년
J단계 교재	1, 2, 3, 4, 5, 6집	초등학교 6학년

「기탄사고력수학」으로
수학 성적 올리는 *일등비법*을 공개합니다

✳ 문제를 먼저 풀어 주지 마세요

기탄사고력수학은 직관(전체 감지)을 논리(이론과 구체 연결)로 발전시켜 답을 구하도록 구성되었습니다. 쉽게 문제를 풀지 못하더라도 노력하는 과정에서 더 많은 것을 얻을 수 있으니, 약간의 힌트 외에는 자녀가 스스로 끝까지 문제를 풀어 나갈 수 있도록 격려해 주세요.

✳ 교재는 이렇게 활용하세요

먼저 자녀들의 능력에 맞는 교재를 선택하세요. 그리고 일주일 분량씩 분철하여 매일 3장씩 풀 수 있도록 해 주세요. 한꺼번에 많은 양의 교재를 주시면 어린이가 부담을 느껴서 학습을 미루거나 포기하기 쉽습니다. 적당한 양을 매일매일 학습하도록 하여 수학 공부하는 재미를 느낄 수 있도록 해 주세요.

✳ 교재 학습 과정을 꼭 지켜 주세요

한 주 학습이 끝날 때마다 창의력 문제와 경시 대회 예상 문제를 꼭 풀고 넘어가도록 해 주시고, 한 권(한 달 과정)이 끝나면 성취도 테스트와 종료 테스트를 통해 스스로 실력을 가늠해 볼 수 있도록 도와 주세요. 문제를 다 풀면 반드시 해답지를 이용하여 정확하게 채점해 주시고, 틀린 문제를 체크해 놓았다가 다음에는 확실히 풀 수 있도록 지도해 주세요.

✳ 자녀의 학습 관리를 게을리 하지 마세요

수학적 사고는 하루 아침에 생겨나는 것이 아닙니다. 날마다 꾸준히 규칙적으로 학습해 나갈 때에만 비로소 수학적 사고의 기틀이 마련되는 것입니다. 교육은 사랑입니다. 자녀가 학습한 부분을 어머니께서 꼭 확인하시면서 사랑으로 돌봐 주세요. 부모님의 관심 속에서 자란 아이들만이 성적 향상은 물론 이 사회에서 꼭 필요한 인격체로 성장해 나갈 수 있다는 것도 잊지 마세요.

기탄교력수학 교재별 학습 내용

A 단계 교재

A - ❶ 교재

나와 가족에 대하여 알기
바른 행동 알기
다양한 선 그리기
다양한 사물 색칠하기
○△□ 알기
똑같은 것 찾기
빠진 것 찾기
종류가 같은 것과 다른 것 찾기
관찰력, 논리력, 사고력 키우기

A - ❷ 교재

필요한 물건 찾기
관계 있는 것 찾기
다양한 기준에 따라 분류하기
(종류, 용도, 모양, 색깔, 재질, 계절, 성질 등)
두 가지 기준에 따라 분류하기
다섯까지 세기
변별력 키우기
미로 통과하기

A - ❸ 교재

다양한 기준으로 비교하기
(길이, 높이, 양, 무게, 크기, 두께, 넓이, 속도, 깊이 등)
시간의 순서 비교하기
반대 개념 알기
3까지의 숫자 배우기
그림 퍼즐 맞추기
미로 통과하기

A - ❹ 교재

최상급 개념 알기
다양한 기준으로 순서 짓기 (크기, 시간, 길이, 두께 등)
네 가지 이상 비교하기
이중 서열 알기
ABAB, ABCABC의 규칙성 알기
다양한 규칙 이해하기
부분과 전체 알기
5까지의 숫자 배우기
일대일 대응, 일대다 대응 알기
미로 통과하기

B 단계 교재

B - ❶ 교재

열까지 세기
9까지의 숫자 배우기
사물의 기본 모양 알기
모양 구성하기
모양 나누기와 합치기
같은 모양, 짝이 되는 모양 찾기
위치 개념 알기 (위, 아래, 앞, 뒤)
위치 파악하기

B - ❷ 교재

9까지의 수량, 수 단어, 숫자 연결하기
구체물을 이용한 수 익히기
반구체물을 이용한 수 익히기
위치 개념 알기 (안, 밖, 왼쪽, 가운데, 오른쪽)
다양한 위치 개념 알기
시간 개념 알기 (낮, 밤)
구체물을 이용한 수와 양의 개념 알기
(같다, 많다, 적다)

B - ❸ 교재

순서대로 숫자 쓰기
거꾸로 숫자 쓰기
1 큰 수와 2 큰 수 알기
1 작은 수와 2 작은 수 알기
반구체물을 이용한 수와 양의 개념 알기
보존 개념 익히기
여러 가지 단위 배우기

B - ❹ 교재

순서수 알기
사물의 입체 모양 알기
입체 모양 나누기
두 수의 크기 비교하기
여러 수의 크기 비교하기
0의 개념 알기
0부터 9까지의 수 익히기

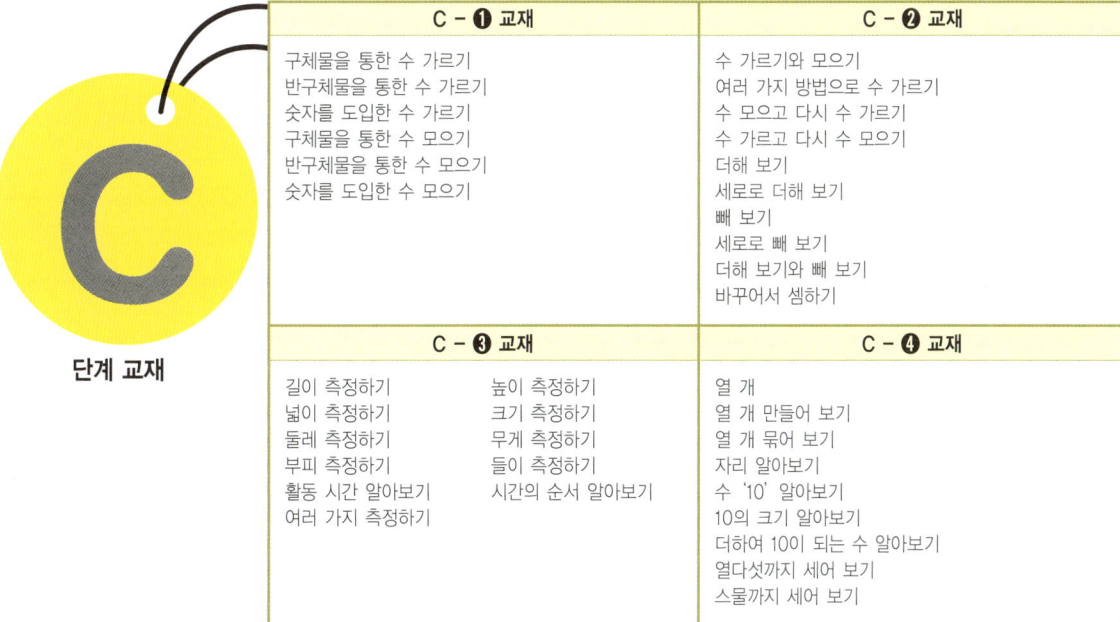

C 단계 교재

C - ❶ 교재
구체물을 통한 수 가르기
반구체물을 통한 수 가르기
숫자를 도입한 수 가르기
구체물을 통한 수 모으기
반구체물을 통한 수 모으기
숫자를 도입한 수 모으기

C - ❷ 교재
수 가르기와 모으기
여러 가지 방법으로 수 가르기
수 모으고 다시 수 가르기
수 가르고 다시 수 모으기
더해 보기
세로로 더해 보기
빼 보기
세로로 빼 보기
더해 보기와 빼 보기
바꾸어서 셈하기

C - ❸ 교재
길이 측정하기   높이 측정하기
넓이 측정하기   크기 측정하기
둘레 측정하기   무게 측정하기
부피 측정하기   들이 측정하기
활동 시간 알아보기   시간의 순서 알아보기
여러 가지 측정하기

C - ❹ 교재
열 개
열 개 만들어 보기
열 개 묶어 보기
자리 알아보기
수 '10' 알아보기
10의 크기 알아보기
더하여 10이 되는 수 알아보기
열다섯까지 세어 보기
스물까지 세어 보기

D 단계 교재

D - ❶ 교재
수 11~20 알기
11~20까지의 수 알기
30까지의 수 알아보기
자릿값을 이용하여 30까지의 수 나타내기
40까지의 수 알아보기
자릿값을 이용하여 40까지의 수 나타내기
자릿값을 이용하여 50까지의 수 나타내기
50까지의 수 알아보기

D - ❷ 교재
상자 모양, 공 모양, 둥근기둥 모양 알아보기
공간 위치 알아보기
입체도형으로 모양 만들기
여러 방향에서 본 모습 관찰하기
평면도형 알아보기
선대칭 모양 알아보기
모양 만들기와 탱그램

D - ❸ 교재
덧셈 이해하기
100이 되는 더하기
여러 가지로 더해 보기
덧셈 익히기
뺄셈 이해하기
10에서 빼기
여러 가지로 빼 보기
뺄셈 익히기

D - ❹ 교재
조사하여 기록하기
그래프의 이해
그래프의 활용
분수의 이해
시간 느끼기
사건의 순서 알기
소요 시간 알아보기
달력 보기
시계 보기
활동한 시간 알기

단계 교재

E - ❶ 교재	E - ❷ 교재	E - ❸ 교재
사물의 개수를 세어 보고 1, 2, 3, 4, 5 알아보기 0의 개념과 0~5까지의 수의 순서 알기 하나 더 많다, 적다의 개념 알기 두 수의 크기 비교하기 사물의 개수를 세어 보고 6, 7, 8, 9 알아보기 0~9까지의 수의 순서 알기 하나 더 많다, 적다의 개념 알기 두 수의 크기 비교하기 여러 가지 모양 알아보기, 찾아보기, 만들어 보기 규칙 찾기	두 수로 가르기 두 수를 모으기 가르기와 모으기 덧셈식 알아보기 뺄셈식 알아보기 길이 비교해 보기 높이 비교해 보기 들이 비교해 보기 무게 비교해 보기 넓이 비교해 보기	수 10(십) 알아보기 19까지의 수 알아보기 몇십과 몇십 몇 알아보기 물건의 수 세기 50까지 수의 순서 알아보기 두 수의 크기 비교하기 분류하기 분류하여 세어 보기
E - ❹ 교재	**E - ❺ 교재**	**E - ❻ 교재**
수 60, 70, 80, 90 99까지의 수 수의 순서 두 수의 크기 비교 여러 가지 모양 알아보기, 찾아보기 여러 가지 모양 만들기, 그리기 규칙 찾기 10을 두 수로 가르기 10이 되도록 두 수를 모으기	100이 되는 더하기 10에서 빼기 세 수의 덧셈과 뺄셈 (몇십)+(몇), (몇십 몇)+(몇), (몇십 몇)+(몇십 몇) (몇십 몇)-(몇), (몇십 몇)-(몇십 몇) 긴바늘, 짧은바늘 알아보기 몇 시 알아보기 몇 시 30분 알아보기	세 수의 덧셈 받아올림이 있는 (몇)+(몇) 받아내림이 있는 (십 몇)-(몇) 세 수의 계산 덧셈식, 뺄셈식 만들기 □가 있는 덧셈식, 뺄셈식 만들기 여러 가지 방법으로 해결하기

단계 교재

F - ❶ 교재	F - ❷ 교재	F - ❸ 교재
백(100)과 몇백(200, 300, ……)의 개념 이해 세 자리 수와 뛰어 세기의 이해 세 자리 수의 크기 비교 받아올림이 있는 (두 자리 수)+(한 자리 수)의 계산 받아내림이 있는 (두 자리 수)-(한 자리 수)의 계산 세 수의 덧셈과 뺄셈 선분과 직선의 차이 이해 사각형, 삼각형, 원 등의 여러 가지 모양 쌓기나무로 똑같이 쌓아 보고 여러 가지 모양 만들기 배열 순서에 따라 규칙 찾아내기	받아올림이 있는 (두 자리 수)+(두 자리 수)의 계산 받아내림이 있는 (두 자리 수)-(두 자리 수)의 계산 여러 가지 방법으로 계산하고 세 수의 혼합 계산 길이 비교와 단위길이의 비교 길이의 단위(cm) 알기 길이 재기와 길이 어림하기 어떤 수를 □로 나타내기 덧셈식·뺄셈식에서 □의 값 구하기 어떤 수를 구하는 식 만들기 식에 알맞은 문제 만들기	시각 읽기 시각과 시간의 차이 알기 하루의 시간 알기 달력을 보며 1년 알기 몇 시 몇 분 전 알기 반 시간 알기 묶어 세기 몇 배 알아보기 더하기를 곱하기로 나타내기 덧셈식과 곱셈식으로 나타내기
F - ❹ 교재	**F - ❺ 교재**	**F - ❻ 교재**
2~9의 단 곱셈구구 익히기 1의 단 곱셈구구와 0의 곱 곱셈표에서 규칙 찾기 받아올림이 없는 세 자리 수의 덧셈 받아내림이 없는 세 자리 수의 뺄셈 여러 가지 방법으로 계산하기 미터(m)와 센티미터(cm) 길이 재기 길이 어림하기 길이의 합과 차	받아올림이 있는 세 자리 수의 덧셈 받아내림이 있는 세 자리 수의 뺄셈 여러 가지 방법으로 덧셈·뺄셈하기 세 수의 혼합 계산 똑같이 나누기 전체와 부분의 크기 분수의 쓰기와 읽기 분수만큼 색칠하고 분수로 나타내기 표와 그래프로 나타내기 조사하여 표와 그래프로 나타내기	□가 있는 곱셈식을 만들어 문제 해결하기 규칙을 찾아 문제 해결하기 거꾸로 생각하여 문제 해결하기

단계 교재

G - ❶ 교재	G - ❷ 교재	G - ❸ 교재
1000의 개념 알기 몇천, 네 자리 수 알기 수의 자릿값 알기 뛰어 세기, 두 수의 크기 비교 세 자리 수의 덧셈 덧셈의 여러 가지 방법 세 자리 수의 뺄셈 뺄셈의 여러 가지 방법 각과 직각의 이해 직각삼각형, 직사각형, 정사각형의 이해	똑같이 묶어 덜어 내기와 똑같게 나누기 나눗셈의 몫 곱셈과 나눗셈의 관계 나눗셈의 몫을 구하는 방법 나눗셈의 세로 형식 곱셈을 활용하여 나눗셈의 몫 구하기 평면도형 밀기, 뒤집기, 돌리기 평면도형 뒤집고 돌리기 (몇십)×(몇)의 계산 (두 자리 수)×(한 자리 수)의 계산	분수만큼 알기와 분수로 나타내기 몇 개인지 알기 분수의 크기 비교 mm 단위를 알기와 mm 단위까지 길이 재기 km 단위를 알기 km, m, cm, mm의 단위가 있는 길이의 합과 차 구하기 시각과 시간의 개념 알기 1초의 개념 알기 시간의 합과 차 구하기
G - ❹ 교재	**G - ❺ 교재**	**G - ❻ 교재**
(네 자리 수)+(세 자리 수) (네 자리 수)+(네 자리 수) (네 자리 수)−(세 자리 수) (네 자리 수)−(네 자리 수) 세 수의 덧셈과 뺄셈 (세 자리 수)×(한 자리 수) (몇십)×(몇십) / (두 자리 수)×(몇십) (두 자리 수)×(두 자리 수) 원의 중심과 반지름 / 그리기 / 지름 / 성질	(몇십)÷(몇) 내림이 없는 (몇십 몇)÷(몇) 나눗셈의 몫과 나머지 나눗셈식의 검산 / (몇십 몇)÷(몇) 들이 / 들이의 단위 들이의 어림하기와 합과 차 무게 / 무게의 단위 무게의 어림하기와 합과 차 0.1 / 소수 알아보기 소수의 크기 비교하기	막대그래프 막대그래프 그리기 그림그래프 그림그래프 그리기 알맞은 그래프로 나타내기 규칙을 정해 무늬 꾸미기 규칙을 찾아 문제 해결 표를 만들어서 문제 해결 예상과 확인으로 문제 해결

단계 교재

H - ❶ 교재	H - ❷ 교재	H - ❸ 교재
만 / 다섯 자리 수 / 십만, 백만, 천만 억 / 조 / 큰 수 뛰어서 세기 두 수의 크기 비교 100, 1000, 10000, 몇백, 몇천의 곱 (세,네 자리 수)×(두 자리 수) 세 수의 곱셈 / 몇십으로 나누기 (두,세 자리 수)÷(두 자리 수) 각의 크기 / 각 그리기 / 각도의 합과 차 삼각형의 세 각의 크기의 합 사각형의 네 각의 크기의 합	이등변삼각형 / 이등변삼각형의 성질 정삼각형 / 예각과 둔각 예각삼각형 / 둔각삼각형 덧셈, 뺄셈 또는 곱셈, 나눗셈이 섞여 있는 혼합 계산 덧셈, 뺄셈, 곱셈, 나눗셈이 섞여 있는 혼합 계산 ( ), { }가 있는 혼합 계산 분수와 진분수 / 가분수와 대분수 대분수를 가분수로, 가분수를 대분수로 나타내기 분모가 같은 분수의 크기 비교	소수 소수 두 자리 수 소수 세 자리 수 소수 사이의 관계 소수의 크기 비교 규칙을 찾아 수로 나타내기 규칙을 찾아 글로 나타내기 새로운 무늬 만들기
H - ❹ 교재	**H - ❺ 교재**	**H - ❻ 교재**
분모가 같은 진분수의 덧셈 분모가 같은 대분수의 덧셈 분모가 같은 진분수의 뺄셈 분모가 같은 대분수의 뺄셈 분모가 같은 대분수와 진분수의 덧셈과 뺄셈 소수의 덧셈 / 소수의 뺄셈 수직과 수선 / 수선 긋기 평행선 / 평행선 긋기 평행선 사이의 거리	사다리꼴 / 평행사변형 / 마름모 직사각형과 정사각형의 성질 다각형과 정다각형 / 대각선 여러 가지 모양 만들기 여러 가지 모양으로 덮기 직사각형과 정사각형의 둘레 1cm² / 직사각형과 정사각형의 넓이 여러 가지 도형의 넓이 이상과 이하 / 초과와 미만 / 수의 범위 올림과 버림 / 반올림 / 어림의 활용	꺾은선그래프 꺾은선그래프 그리기 물결선을 사용한 꺾은선그래프 물결선을 사용한 꺾은선그래프 그리기 알맞은 그래프로 나타내기 꺾은선그래프의 활용 두 수 사이의 관계 두 수 사이의 관계를 식으로 나타내기 문제를 해결하고 풀이 과정을 설명하기

기탄 사고력수학 교재별 학습 내용

I 단계 교재

I - ❶ 교재	I - ❷ 교재	I - ❸ 교재
약수 / 배수 / 배수와 약수의 관계 공약수와 최대공약수 공배수와 최소공배수 크기가 같은 분수 알기 크기가 같은 분수 만들기 분수의 약분 / 분수의 통분 분수의 크기 비교 / 진분수의 덧셈 대분수의 덧셈 / 진분수의 뺄셈 대분수의 뺄셈 / 세 분수의 덧셈과 뺄셈	세 분수의 덧셈과 뺄셈 (진분수)×(자연수) / (대분수)×(자연수) (자연수)×(진분수) / (자연수)×(대분수) (단위분수)×(단위분수) (진분수)×(진분수) / (대분수)×(대분수) 세 분수의 곱셈 / 합동인 도형의 성질 합동인 삼각형 그리기 면, 모서리, 꼭짓점 직육면체와 정육면체 직육면체의 성질 / 겨냥도 / 전개도	평행사변형의 넓이 삼각형의 넓이 사다리꼴의 넓이 마름모의 넓이 넓이의 단위 m², a 넓이의 단위 ha, km² 넓이의 단위 관계 무게의 단위

I - ❹ 교재	I - ❺ 교재	I - ❻ 교재
분수와 소수의 관계 분수를 소수로, 소수를 분수로 나타내기 분수와 소수의 크기 비교 1÷(자연수)를 곱셈으로 나타내기 (자연수)÷(자연수)를 곱셈으로 나타내기 (진분수)÷(자연수) / (가분수)÷(자연수) (대분수)÷(자연수) 분수와 자연수의 혼합 계산 선대칭도형/선대칭의 위치에 있는 도형 점대칭도형/점대칭의 위치에 있는 도형	(소수)×(자연수) / (자연수)×(소수) 곱의 소수점의 위치 (소수)×(소수) 소수의 곱셈 (소수)÷(자연수) (자연수)÷(자연수) 줄기와 잎 그림 그림그래프 평균 자료를 그래프로 나타내고 설명하기	두 수의 크기 비교 비율 백분율 할푼리 실제로 해 보기와 표 만들기 그림 그리기와 식 만들기 예상하고 확인하기와 표 만들기 실제로 해 보기와 규칙 찾기

J 단계 교재

J - ❶ 교재	J - ❷ 교재	J - ❸ 교재
(자연수)÷(단위분수) 분모가 같은 진분수끼리의 나눗셈 분모가 다른 진분수끼리의 나눗셈 (자연수)÷(진분수) / 대분수의 나눗셈 분수의 나눗셈 활용하기 소수의 나눗셈 / (자연수)÷(소수) 소수의 나눗셈에서 나머지 반올림한 몫 입체도형과 각기둥 / 각뿔 각기둥의 전개도 / 각뿔의 전개도	쌓기나무의 개수 쌓기나무의 각 자리, 각 층별로 나누어 개수 구하기 규칙 찾기 쌓기나무로 만든 것, 여러 가지 입체도형, 여러 가지 생활 속 건축물의 위, 앞, 옆 에서 본 모양 원주와 원주율 / 원의 넓이 띠그래프 알기 / 띠그래프 그리기 원그래프 알기 / 원그래프 그리기	비례식 비의 성질 가장 작은 자연수의 비로 나타내기 비례식의 성질 비례식의 활용 연비 두 비의 관계를 연비로 나타내기 연비의 성질 비례배분 연비로 비례배분

J - ❹ 교재	J - ❺ 교재	J - ❻ 교재
(소수)÷(분수) / (분수)÷(소수) 분수와 소수의 혼합 계산 원기둥 / 원기둥의 전개도 원뿔 회전체 / 회전체의 단면 직육면체와 정육면체의 겉넓이 부피의 비교 / 부피의 단위 직육면체와 정육면체의 부피 부피의 큰 단위 부피와 들이 사이의 관계	원기둥의 겉넓이 원기둥의 부피 경우의 수 순서가 있는 경우의 수 여러 가지 경우의 수 확률 미지수를 x로 나타내기 등식 알기 / 방정식 알기 등식의 성질을 이용하여 방정식 풀기 방정식의 활용	두 수 사이의 대응 관계 / 정비례 정비례를 활용하여 생활 문제 해결하기 반비례 반비례를 활용하여 생활 문제 해결하기 그림을 그리거나 식을 세워 문제 해결하기 거꾸로 생각하거나 식을 세워 문제 해결하기 표를 작성하거나 예상과 확인을 통하여 문제 해결하기 여러 가지 방법으로 문제 해결하기 새로운 문제를 만들어 풀어 보기

G3

G121a ~ G135b

학습 관리표

학습 내용		이번 주는?
분수	· 분수만큼 알기 · 분수로 나타내기 · 몇 개인지 알기 · 분수의 크기 비교 · 창의력 학습 · 경시 대회 예상 문제	• 학습 방법 : ① 매일매일　② 가끔　③ 한꺼번에 　　　　　하였습니다. • 학습 태도 : ① 스스로 잘　② 시켜서 억지로 　　　　　하였습니다. • 학습 흥미 : ① 재미있게　② 싫증내며 　　　　　하였습니다. • 교재 내용 : ① 적합하다고　② 어렵다고　③ 쉽다고 　　　　　하였습니다.

지도 교사가 부모님께	부모님이 지도 교사께

평가	Ⓐ 아주 잘함　　Ⓑ 잘함　　Ⓒ 보통　　Ⓓ 부족함

원(교)　　　　반　이름　　　　전화

기초부터 탄탄하게 **G 기탄교육**

www.gitan.co.kr / (02)586-1007(대)

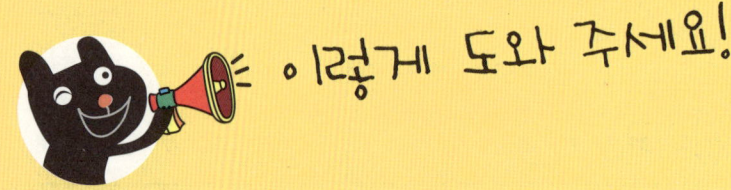

이렇게 도와 주세요!

● **학습 목표**
– 이산량(자연수에 대응하여 셀 수 있는 양)의 분수를 이해할 수 있다.
– 부분의 양을 전체의 양과 비교하여 분수로 나타낼 수 있다.
– 분수는 분자가 1인 분수가 몇 개인지를 이해할 수 있다.
– 분모가 같은 분수와 분자가 1인 분수의 크기를 비교할 수 있다.

● **지도 내용**
– 분수를 묶는 활동으로 알아보게 한다.
– 부분은 전체의 얼마인지를 분수로 나타내어 보게 한다.
– 분수는 분자가 1인 분수가 몇 개인지를 여러 가지 활동으로 알아보게 한다.
– 분모가 같은 분수와 분자가 1인 분수의 크기를 비교하여 보게 한다.

● **지도 요점**
이산량의 분수를 알아보고, 이산량과 1이 아닌 연속량의 부분은 전체의 얼마인지를 분수로 나타낼 수 있도록 지도합니다.
또한 진분수는 단위분수가 몇 개 모여 이루어진 분수인지를 알아보며, 분모가 같은 진분수의 크기를 비교하고, 간단한 단위분수의 크기를 비교하는 방법을 이해하도록 지도합니다.

✿ 이름 :

✿ 날짜 :

✿ 시간 :   시   분 ~   시   분

확인

◆ 분수만큼 알기

• 10의 $\frac{1}{2}$ 알아보기

사과 10개를 똑같이 2묶음으로 나누면 한 묶음은 5개입니다.

➡ 10의 $\frac{1}{2}$ 은 5입니다.

🐸 12의 $\frac{1}{6}$ 을 알아보시오.(1~3)

1. 사과 12개를 똑같이 6묶음으로 나누어 보시오.

2. 한 묶음은 ☐ 개입니다.

3. 12의 $\frac{1}{6}$ 은 ☐ 입니다.

👻 다음 그림을 보고 ☐ 안에 알맞은 수를 써넣으시오.(4~7)

4.

9의 $\frac{1}{3}$은 ☐   9의 $\frac{2}{3}$는 ☐

5.

  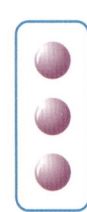 

12의 $\frac{1}{4}$은 ☐   12의 $\frac{3}{4}$은 ☐

6.

10의 $\frac{1}{5}$은 ☐   10의 $\frac{4}{5}$는 ☐

7.

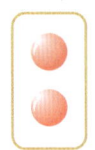      

14의 $\frac{1}{7}$은 ☐   14의 $\frac{5}{7}$는 ☐

G-122a

★ 이름 :

★ 날짜 :

★ 시간 :   시   분 ~   시   분

확인

1. 그림을 2개씩 묶고 ☐ 안에 알맞은 수를 써넣으시오.

$6의 \frac{1}{3}은$ ☐ $6의 \frac{2}{3}는$ ☐

2. 그림을 3개씩 묶고 ☐ 안에 알맞은 수를 써넣으시오.

$15의 \frac{1}{5}은$ ☐ $15의 \frac{3}{5}은$ ☐

3. 그림을 4개씩 묶고 ☐ 안에 알맞은 수를 써넣으시오.

$24의 \frac{1}{6}은$ ☐ $24의 \frac{4}{6}는$ ☐

👻 다음 ☐ 안에 알맞은 수를 써넣으시오.(4~9)

4. 14의 $\frac{1}{2}$은 ☐ 입니다.

5. 36의 $\frac{1}{4}$은 ☐ 입니다.

6. 40의 $\frac{1}{8}$은 ☐ 입니다.

7. 21의 $\frac{2}{3}$는 ☐ 입니다.

8. 42의 $\frac{5}{7}$는 ☐ 입니다.

9. 54의 $\frac{6}{9}$은 ☐ 입니다.

G-123a

◆ 분수로 나타내기

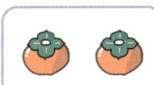  

• 2는 6을 똑같이 3묶음으로 나눈 것 중의 1묶음입니다.

➡ 2는 6의 $\dfrac{1}{3}$ 입니다.

• 4는 6을 똑같이 3묶음으로 나눈 것 중의 2묶음입니다.

➡ 4는 6의 $\dfrac{2}{3}$ 입니다.

🐸 4는 20의 얼마인지 알아보시오.(1~3)

1. 감 20개를 4개씩 묶어 보시오.

2. 4는 20을 똑같이 ☐ 묶음으로 나눈 것 중의 ☐ 묶음입니다.

3. 4는 20의 $\dfrac{☐}{☐}$ 입니다.

사고력 학습

4. 그림을 보고 □ 안에 알맞은 수를 써넣으시오.

(1) 3은 9를 똑같이 □ 묶음으로 나눈 것 중의 □ 묶음입니다.

➡ 3은 9의 $\dfrac{\square}{\square}$ 입니다.

(2) 6은 9를 똑같이 □ 묶음으로 나눈 것 중의 □ 묶음입니다.

➡ 6은 9의 $\dfrac{\square}{\square}$ 입니다.

5. 그림을 보고 □ 안에 알맞은 수를 써넣으시오.

(1)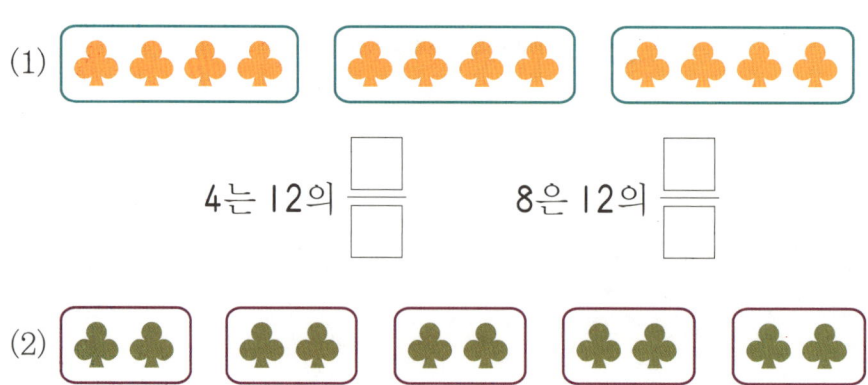

4는 12의 $\dfrac{\square}{\square}$ 8은 12의 $\dfrac{\square}{\square}$

(2)

2는 10의 $\dfrac{\square}{\square}$ 6은 10의 $\dfrac{\square}{\square}$

✿ 이름 :

✿ 날짜 :

✿ 시간 :   시   분 ~   시   분

확인

1. 그림을 2개씩 묶고 □ 안에 알맞은 수를 써넣으시오.

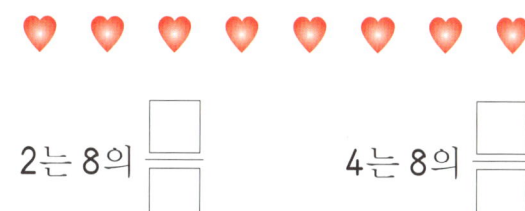

2는 8의 ⬚   4는 8의 ⬚

2. 그림을 3개씩 묶고 □ 안에 알맞은 수를 써넣으시오.

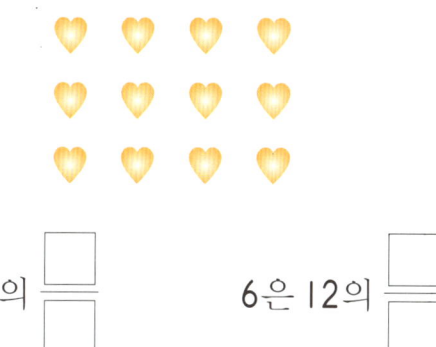

3은 12의 ⬚   6은 12의 ⬚

3. 그림을 4개씩 묶고 □ 안에 알맞은 수를 써넣으시오.

4는 28의 ⬚   12는 28의 ⬚

사고력 학습

👻 다음 ☐ 안에 알맞은 수를 써넣으시오.(4~9)

4. 2는 14의 $\dfrac{\square}{\square}$ 입니다.

5. 3은 15의 $\dfrac{\square}{\square}$ 입니다.

6. 5는 40의 $\dfrac{\square}{\square}$ 입니다.

7. 4는 18의 $\dfrac{\square}{\square}$ 입니다.

8. 14는 21의 $\dfrac{\square}{\square}$ 입니다.

9. 15는 25의 $\dfrac{\square}{\square}$ 입니다.

🌸 이름 :

🌸 날짜 :

🌸 시간 :　　시　　분 ~ 　　시　　분

◆ 몇 개인지 알기

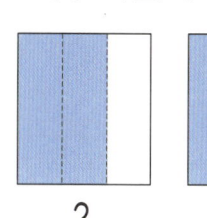　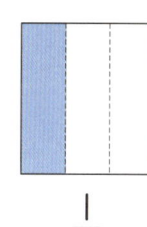

$\dfrac{2}{3}$　　　　　$\dfrac{1}{3}$

- $\dfrac{2}{3}$ 는 $\dfrac{1}{3}$ 이 2개 모인 것과 같습니다.

➡ $\dfrac{2}{3}$ 는 $\dfrac{1}{3}$ 의 2배입니다.

- $\dfrac{2}{3}$ 는 $\dfrac{1}{3}$ 이 2개입니다.

🐸 $\dfrac{2}{4}$ 는 $\dfrac{1}{4}$ 이 몇 개인지 알아보시오.(1~3)

$\dfrac{2}{4}$ 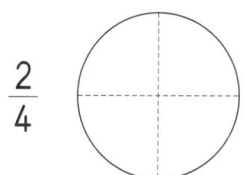　　　　　$\dfrac{1}{4}$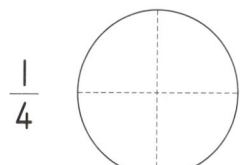

1. $\dfrac{2}{4}$ 와 $\dfrac{1}{4}$ 만큼 각각 색칠해 보시오.

2. $\dfrac{2}{4}$ 는 $\dfrac{1}{4}$ 의 ☐ 배입니다.

3. $\dfrac{2}{4}$ 는 $\dfrac{1}{4}$ 이 ☐ 개입니다.

 다음 그림을 보고 ☐ 안에 알맞은 수를 써넣으시오.(4~7)

4.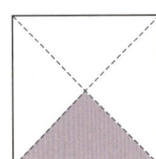

$\dfrac{3}{4}$은 $\dfrac{1}{4}$이 ☐개입니다.

5.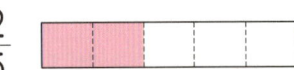

$\dfrac{2}{5}$는 $\dfrac{1}{5}$이 ☐개입니다.

6.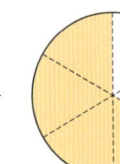

$\dfrac{4}{6}$는 $\dfrac{1}{6}$이 ☐개입니다.

7.

$\dfrac{5}{7}$는 $\dfrac{1}{7}$이 ☐개입니다.

★ 이름 :

★ 날짜 :

★ 시간 :   시   분 ~   시   분

확인

🐸 다음 그림을 보고 ☐ 안에 알맞은 수를 써넣으시오.(1~4)

1.

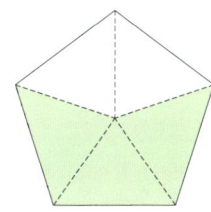

$\dfrac{3}{5}$ 은 $\dfrac{1}{5}$ 이 ☐ 개입니다.

2.

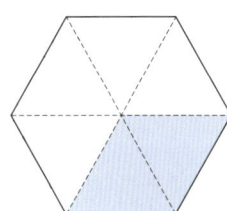

$\dfrac{2}{6}$ 는 $\dfrac{1}{6}$ 이 ☐ 개입니다.

3.

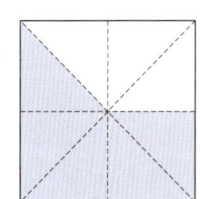

$\dfrac{5}{8}$ 는 $\dfrac{1}{8}$ 이 ☐ 개입니다.

4.

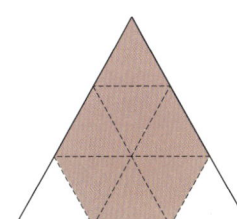

$\dfrac{7}{9}$ 은 $\dfrac{1}{9}$ 이 ☐ 개입니다.

🐱 다음 ☐ 안에 알맞은 수를 써넣으시오.(5~10)

5. $\dfrac{4}{5}$ 는 $\dfrac{1}{5}$ 이 ☐ 개입니다.

6. $\dfrac{3}{7}$ 은 $\dfrac{1}{7}$ 이 ☐ 개입니다.

7. $\dfrac{1}{6}$ 이 5개인 수는 $\dfrac{☐}{☐}$ 입니다.

8. $\dfrac{1}{8}$ 이 7개인 수는 $\dfrac{☐}{☐}$ 입니다.

9. $\dfrac{6}{9}$ 은 $\dfrac{☐}{☐}$ 이 6개입니다.

10. $\dfrac{2}{10}$ 는 $\dfrac{☐}{☐}$ 이 2개입니다.

G-127a

★ 이름 :

★ 날짜 :

★ 시간 :　　시　　분 ~ 　시　　분

확인

◆ $\frac{4}{5}$와 $\frac{2}{5}$의 크기 비교

- $\frac{4}{5}$는 $\frac{1}{5}$이 4개입니다.

  $\frac{2}{5}$는 $\frac{1}{5}$이 2개입니다. ⟹ $\frac{4}{5} > \frac{2}{5}$

- $\frac{4}{5}$ ▭　색칠한 칸의 수가 더 많은 $\frac{4}{5}$가 $\frac{2}{5}$ 보다

  $\frac{2}{5}$ ▭　더 큽니다. ⟹ $\frac{4}{5} > \frac{2}{5}$

🐸 $\frac{2}{7}$와 $\frac{4}{7}$ 중에서 어느 분수가 더 큰지 알아보시오.(1~3)

$\frac{2}{7}$ ▭　　　　$\frac{4}{7}$ ▭

1. $\frac{2}{7}$는 $\frac{1}{7}$이 ▭ 개, $\frac{4}{7}$는 $\frac{1}{7}$이 ▭ 개입니다.

2. 색칠한 칸의 수가 더 많은 것은 $\dfrac{\square}{\square}$ 입니다.

3. 두 분수의 크기를 비교하여 ◯ 안에 >, <를 알맞게 써넣으시오.

$\frac{2}{7}$ ◯ $\frac{4}{7}$

사고력 학습

다음 그림에 분수만큼 색칠하고 ○ 안에 >, <를 알맞게 써넣으시오.(4~8)

4. 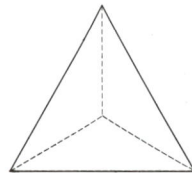 $\dfrac{1}{3}$ ◯ $\dfrac{2}{3}$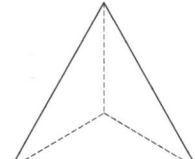

5. $\dfrac{3}{5}$ ◯ $\dfrac{1}{5}$

6. 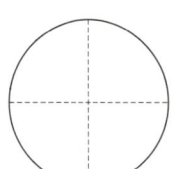 $\dfrac{2}{4}$ ◯ $\dfrac{3}{4}$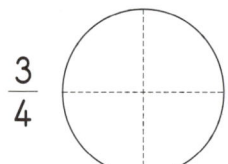

7. $\dfrac{4}{7}$ ◯ $\dfrac{5}{7}$

8. 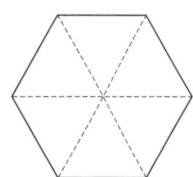 $\dfrac{4}{6}$ ◯ $\dfrac{3}{6}$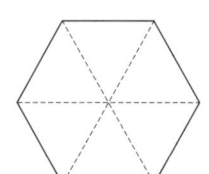

✿ 이름 :

✿ 날짜 :

✿ 시간 : 시 분 ~ 시 분

확인

😊 다음 두 분수의 크기를 비교하여 ○ 안에 >, <를 알맞게 써넣으시오.(1~10)

1. $\dfrac{1}{4}$ ○ $\dfrac{3}{4}$

2. $\dfrac{2}{7}$ ○ $\dfrac{1}{7}$

3. $\dfrac{4}{8}$ ○ $\dfrac{2}{8}$

4. $\dfrac{5}{11}$ ○ $\dfrac{6}{11}$

5. $\dfrac{3}{6}$ ○ $\dfrac{2}{6}$

6. $\dfrac{7}{9}$ ○ $\dfrac{8}{9}$

7. $\dfrac{4}{10}$ ○ $\dfrac{7}{10}$

8. $\dfrac{4}{5}$ ○ $\dfrac{3}{5}$

9. $\dfrac{10}{13}$ ○ $\dfrac{3}{13}$

10. $\dfrac{6}{15}$ ○ $\dfrac{10}{15}$

11. 그림에 분수만큼 색칠하고 ○ 안에 >, <를 알맞게 써넣으시오.

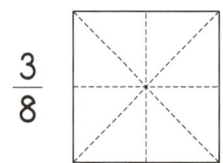

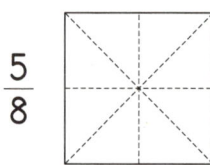

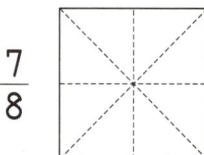

$\frac{3}{8}$ ○ $\frac{5}{8}$ $\frac{7}{8}$ ○ $\frac{5}{8}$ $\frac{7}{8}$ ○ $\frac{3}{8}$

12. ☐ 안에 알맞은 수를 써넣으시오.

$\frac{6}{9}$, $\frac{3}{9}$, $\frac{8}{9}$의 세 분수 중에서 가장 큰 분수는 ☐이고, 가장 작은 분수

는 ☐입니다.

13. 분수의 크기를 비교하여 가장 큰 수는 ○표, 가장 작은 수는 △표 하시오.

(1) $\frac{9}{12}$, $\frac{4}{12}$, $\frac{2}{12}$, $\frac{7}{12}$, $\frac{5}{12}$

(2) $\frac{5}{15}$, $\frac{13}{15}$, $\frac{9}{15}$, $\frac{6}{15}$, $\frac{11}{15}$

★ 이름 :

★ 날짜 :

★ 시간 :　　　시　　분 ~ 　　시　　분

확인

◆ $\frac{1}{2}$과 $\frac{1}{4}$의 크기 비교

　　　　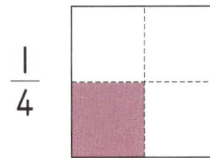

$\frac{1}{2}$　　　　　　　$\frac{1}{4}$

색칠한 부분이 더 넓은 $\frac{1}{2}$이 $\frac{1}{4}$보다 더 큽니다.

➡ $\frac{1}{2} > \frac{1}{4}$

🐸 $\frac{1}{8}$과 $\frac{1}{4}$ 중에서 어느 분수가 더 큰지 알아보시오.(1~2)

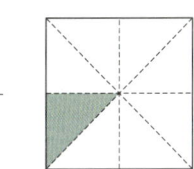　　　　　　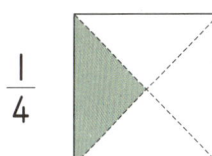

$\frac{1}{8}$　　　　　　　$\frac{1}{4}$

1. $\frac{1}{8}$과 $\frac{1}{4}$ 중에서 색칠한 부분이 더 넓은 것은 어느 것입니까?

[답]

2. 두 분수의 크기를 비교하여 ○ 안에 >, <를 알맞게 써넣으시오.

$$\frac{1}{8} \bigcirc \frac{1}{4}$$

다음 그림에 분수만큼 색칠하고 ○ 안에 >, <를 알맞게 써넣으시오.(3~6)

3. 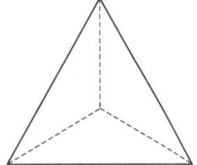 $\dfrac{1}{6}$ ○ $\dfrac{1}{2}$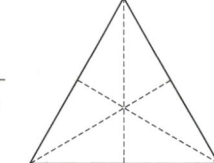

4. 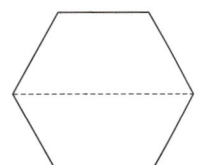 $\dfrac{1}{3}$ ○ $\dfrac{1}{6}$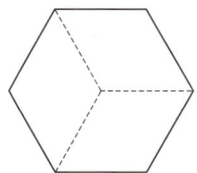

5. 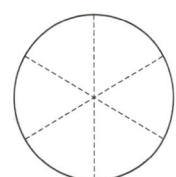 $\dfrac{1}{2}$ ○ $\dfrac{1}{3}$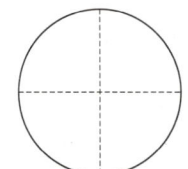

6. $\dfrac{1}{6}$ ○ $\dfrac{1}{4}$

다음 두 분수의 크기를 비교하여 ○ 안에 >, <를 알맞게 써넣으시오.(1~10)

1. $\dfrac{1}{2}$ ○ $\dfrac{1}{9}$　　　　2. $\dfrac{1}{8}$ ○ $\dfrac{1}{7}$

3. $\dfrac{1}{7}$ ○ $\dfrac{1}{3}$　　　　4. $\dfrac{1}{9}$ ○ $\dfrac{1}{10}$

5. $\dfrac{1}{6}$ ○ $\dfrac{1}{5}$　　　　6. $\dfrac{1}{4}$ ○ $\dfrac{1}{3}$

7. $\dfrac{1}{2}$ ○ $\dfrac{1}{5}$　　　　8. $\dfrac{1}{6}$ ○ $\dfrac{1}{9}$

9. $\dfrac{1}{4}$ ○ $\dfrac{1}{7}$　　　　10. $\dfrac{1}{10}$ ○ $\dfrac{1}{8}$

11. 그림에 분수만큼 색칠하고 ○ 안에 >, <를 알맞게 써넣으시오.

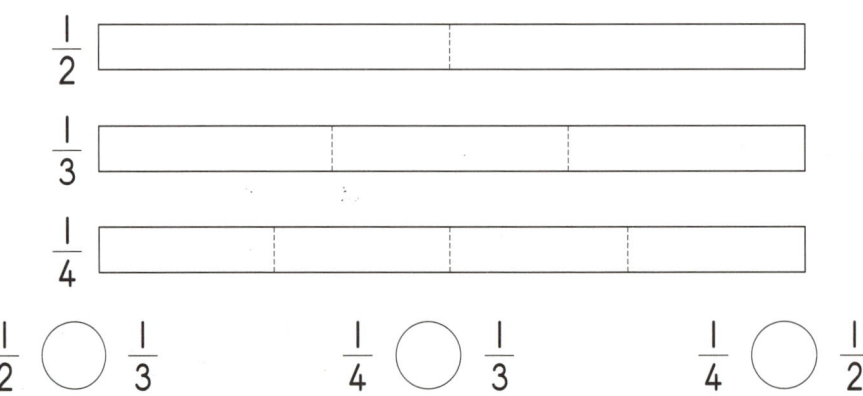

$\frac{1}{2}$ ○ $\frac{1}{3}$ $\frac{1}{4}$ ○ $\frac{1}{3}$ $\frac{1}{4}$ ○ $\frac{1}{2}$

12. □ 안에 알맞은 수를 써넣으시오.

$\frac{1}{5}$, $\frac{1}{9}$, $\frac{1}{7}$ 의 세 분수 중에서 가장 큰 분수는 □ 이고, 가장 작은 분수

는 □ 입니다.

13. 분수의 크기를 비교하여 가장 큰 수는 ○표, 가장 작은 수는 △표 하시오.

(1) $\frac{1}{14}$, $\frac{1}{6}$, $\frac{1}{10}$, $\frac{1}{4}$, $\frac{1}{7}$

(2) $\frac{1}{7}$, $\frac{1}{5}$, $\frac{1}{13}$, $\frac{1}{8}$, $\frac{1}{3}$

1. 그림을 보고 □ 안에 알맞은 수를 써넣으시오.

16의 $\frac{1}{2}$은 □　　　16의 $\frac{1}{4}$은 □　　　16의 $\frac{1}{8}$은 □

2. □ 안에 알맞은 수를 써넣으시오.

(1) 32의 $\frac{1}{2}$은 □

(2) 32의 $\frac{3}{4}$은 □

(3) 32의 $\frac{5}{8}$는 □

(4) 32의 $\frac{11}{16}$은 □

3. □ 안에 알맞은 수를 써넣으시오.

(1) 15의 $\frac{1}{3}$은 □

(2) 20의 $\frac{3}{4}$은 □

(3) 30의 $\frac{2}{5}$는 □

(4) 42의 $\frac{5}{6}$는 □

4. 18의 $\frac{2}{3}$만큼 색칠하시오.

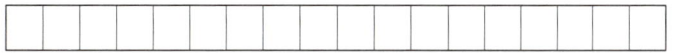

5. 그림을 보고 □ 안에 알맞은 수를 써넣으시오.

6은 18의 □ / □   12는 18의 □ / □

6. 5칸씩 묶고 □ 안에 알맞은 수를 써넣으시오.

5는 20의 □ / □   10은 20의 □ / □   15는 20의 □ / □

7. □ 안에 알맞은 수를 써넣으시오.

(1) 3은 18의 □ / □   (2) 6은 15의 □ / □

(3) 9는 12의 □ / □   (4) 20은 28의 □ / □

★ 이름 :

★ 날짜 :

★ 시간 :   시   분 ~   시   분

확인

1. □ 안에 알맞은 수를 써넣으시오.

(1) $\dfrac{3}{6}$ 은 $\dfrac{1}{6}$ 이 □ 개

(2) $\dfrac{5}{9}$ 는 $\dfrac{1}{9}$ 이 □ 개

(3) $\dfrac{4}{8}$ 는 □ 이 4개

(4) $\dfrac{7}{10}$ 은 □ 이 7개

2. 그림에 분수만큼 색칠하고 ○ 안에 >, < 를 알맞게 써넣으시오.

(1)

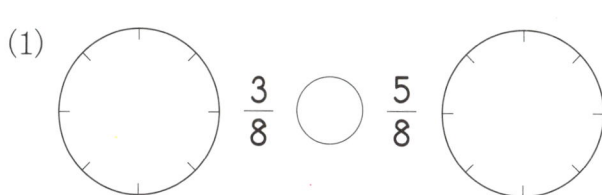

$\dfrac{3}{8}$ ○ $\dfrac{5}{8}$

(2)

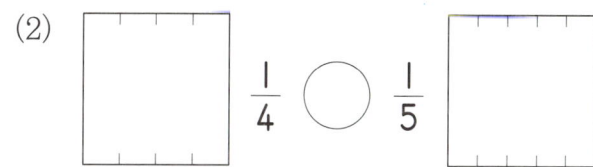

$\dfrac{1}{4}$ ○ $\dfrac{1}{5}$

3. 두 분수의 크기를 비교하여 ○ 안에 >, < 를 알맞게 써넣으시오.

(1) $\dfrac{3}{5}$ ○ $\dfrac{2}{5}$

(2) $\dfrac{5}{7}$ ○ $\dfrac{6}{7}$

(3) $\dfrac{9}{10}$ ○ $\dfrac{4}{10}$

(4) $\dfrac{1}{5}$ ○ $\dfrac{1}{7}$

(5) $\dfrac{1}{8}$ ○ $\dfrac{1}{3}$

(6) $\dfrac{1}{10}$ ○ $\dfrac{1}{4}$

분수의 크기를 비교하여 작은 수부터 차례로 쓰시오.

$$\frac{9}{11}, \ \frac{3}{11}, \ \frac{5}{11}, \ \frac{1}{11}, \ \frac{6}{11}$$

[답]

5. 분수의 크기를 비교하여 큰 수부터 차례로 쓰시오.

$$\frac{1}{8}, \ \frac{1}{7}, \ \frac{1}{2}, \ \frac{1}{10}, \ \frac{1}{4}$$

[답]

6. $\frac{9}{20}$ 보다 큰 분수를 모두 찾아 ○표 하시오.

$$\frac{11}{20}, \ \frac{6}{20}, \ \frac{13}{20}, \ \frac{4}{20}, \ \frac{16}{20}$$

7. $\frac{1}{10}$ 보다 작은 분수를 모두 찾아 △표 하시오.

$$\frac{1}{14}, \ \frac{1}{5}, \ \frac{1}{12}, \ \frac{1}{7}, \ \frac{1}{15}$$

✿ 이름 :

✿ 날짜 :

✿ 시간 :　　시　　분 ~　　시　　분

확인

창의력 학습

승환이의 생일에 아버지께서 케이크를 사 오셨습니다. 아버지께서 사 오신 케이크를 승환이네 가족 8명이 똑같이 나누어 먹으려고 합니다. 케이크를 3번 만 잘라 8조각으로 똑같이 나누어 보시오.

다음과 같이 네 변의 길이가 같은 사각형이 있습니다. 이것을 모양과 크기가 같도록 넷으로 나누려고 합니다. (단, ★도 꼭 한 개씩 포함시켜야 합니다.)

아래의 방법이 아닌 다른 방법으로 나누어 보시오.

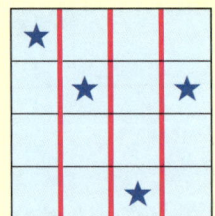   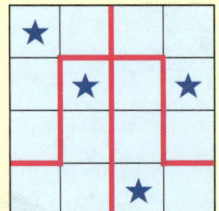

G-134a

이름 :

날짜 :

시간 : 시   분 ~ 시   분

확인

➕ 경시 대회 예상 문제

1. 30의 $\frac{5}{6}$ 만큼 색칠하시오.

2. ㉮와 ㉯의 곱을 구하시오.

> • ㉮의 $\frac{3}{5}$ 은 24입니다.   • 12의 $\frac{2}{3}$ 는 ㉯입니다.

[답]

3. 그림에서 전체의 넓이는 48입니다. 색칠한 부분의 넓이는 얼마입니까?

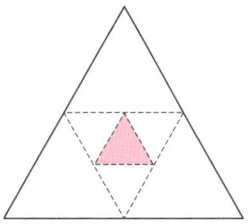

[답]

경시 대회 예상 문제

4. ㉮와 ㉯의 곱을 구하시오.

> • 45는 63의 $\dfrac{㉮}{7}$ 입니다.　　• 6은 24의 $\dfrac{3}{㉯}$ 입니다.

[답]

5. ☐ 안에 들어갈 수 있는 분수를 모두 쓰시오.

> 8은 32의 $\dfrac{}{\Box}$ 입니다.

[답]

6. 1보다 큰 수 중에서 ☐ 안에 들어갈 수 있는 수를 모두 쓰시오.

> $\dfrac{1}{6} < \dfrac{1}{\Box}$

[답]

7. 분수의 크기를 비교하여 가장 큰 수는 ○표, 가장 작은 수는 △표 하시오.

> $\dfrac{1}{5}$, $\dfrac{1}{7}$, $\dfrac{3}{5}$, $\dfrac{2}{5}$, $\dfrac{1}{6}$

경시 대회 예상 문제

8. 보경이네 농장에 있는 동물 중에서 $\frac{5}{8}$ 는 오리이고, 나머지는 모두 닭입니다. 오리가 30마리이면 닭은 몇 마리입니까?

[답]

9. 수희는 1시간의 $\frac{5}{6}$, 민호는 1시간의 $\frac{8}{10}$ 을 공부했습니다. 누가 몇 분 더 많이 공부했습니까?

[답]   ,

10. 7개씩 들어 있는 사탕 5봉지 중에서 낱개 14개를 친구들과 나누어 먹었습니다. 친구들과 먹은 사탕은 전체의 얼마인지 분수로 나타내시오.

[답]

11. 피자 한 판을 똑같이 8조각으로 나누었습니다. 5명이 한 조각씩 먹었다면 남은 피자는 $\frac{1}{8}$ 이 몇 개입니까?

[답]

12. 할머니께서 텃밭 전체의 $\frac{2}{10}$에는 고추를 심고, 전체의 $\frac{5}{10}$에는 배추를 심었습니다. 나머지 부분에는 무를 심었다면, 채소를 심은 넓이가 넓은 것부터 차례로 쓰시오.

[답]

🐤 **서술형·논술형**

13. 연필이 36자루 있습니다. 그중에서 $\frac{4}{9}$는 동생에게 주고, $\frac{1}{6}$은 누나에게 주려고 합니다. 동생과 누나에게 줄 연필은 모두 몇 자루인지 풀이 과정을 써서 구하시오.

[답]

🐤 **서술형·논술형**

14. 어떤 수의 $\frac{4}{7}$는 36입니다. 어떤 수의 $\frac{2}{9}$는 얼마인지 풀이 과정을 써서 구하시오.

[답]

사고력도 탄탄! 창의력도 탄탄!
기탄사고력수학

G3

🐦 G136a ~ G150b

학습 관리표

학습 내용		이번 주는?
길이와 시간 ①	· mm 단위를 알기 · mm 단위까지 길이 재기 · km 단위를 알기 · km, m, cm, mm의 단위가 있는 길이의 합과 차 구하기	• 학습 방법 : ① 매일매일 ② 가끔 ③ 한꺼번에 　　　　　　 하였습니다. • 학습 태도 : ① 스스로 잘 ② 시켜서 억지로 　　　　　　 하였습니다. • 학습 흥미 : ① 재미있게 ② 싫증내며 　　　　　　 하였습니다. • 교재 내용 : ① 적합하다고 ② 어렵다고 ③ 쉽다고 　　　　　　 하였습니다.

지도 교사가 부모님께	부모님이 지도 교사께

평가	Ⓐ 아주 잘함	Ⓑ 잘함	Ⓒ 보통	Ⓓ 부족함

원(교)　　　　　반　　이름　　　　　전화

기초부터 탄탄하게
G 기탄교육
www.gitan.co.kr / (02)586-1007(대)

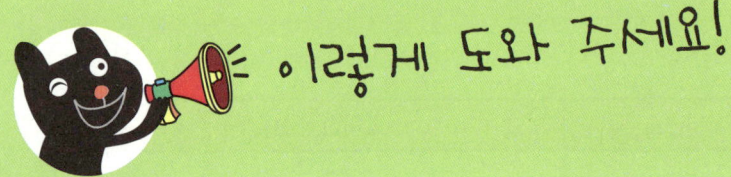
이렇게 도와 주세요!

● **학습 목표**
– mm와 km 단위의 필요성을 이해한다.
– 1 cm=10 mm, 1 km=1000 m의 관계를 이해하고 이를 활용하여 단위 환산을 할 수 있다.
– cm와 mm, km와 m가 있는 길이의 합과 차의 계산 원리를 알고 계산할 수 있다.

● **지도 내용**
– 1 mm와 1 km의 단위를 알고, 이를 읽고 쓸 수 있도록 한다.
– 1 cm=10 mm, 1 km=1000 m의 관계를 이해하고, 단위명을 바꾸어 나타내어 보게 한다.
– 두 길이의 덧셈과 뺄셈을 해 보게 한다.

● **지도 요점**
F단계에서 학습한 m, cm 이외에 보다 짧은 거리를 나타내는 mm, 보다 먼 거리를 나타내는 km를 학습함으로써 거리를 자유롭게 나타낼 수 있게 지도합니다. 아이들의 직접적인 경험을 통하여 새로운 길이 단위의 필요성과 편리성을 느끼게 하여 mm와 km 단위를 도입합니다. 그리고 그에 따른 1 cm=10 mm, 1 km=1000 m의 관계를 파악하여 길이를 단명수(한 단위의 이름으로 표시하는 명수, 예를 들어 복명수 1 cm 5 mm를 단명수로 고치면 15 mm입니다.)와 복명수로 말할 수 있도록 하며, 이를 길이의 합과 차를 구하는데 활용하게 지도합니다.

✿ 이름 :

✿ 날짜 :

✿ 시간 :　시　분 ~　시　분

확인

◆ I mm **알아보기**

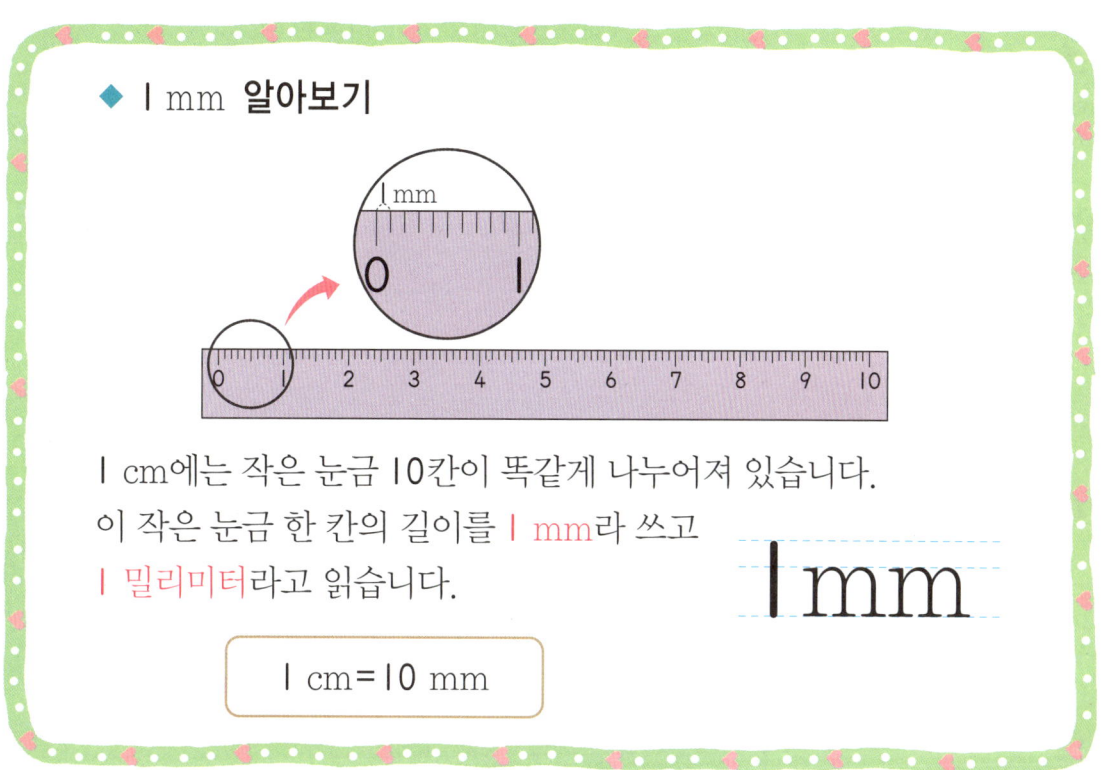

I cm에는 작은 눈금 IO칸이 똑같게 나누어져 있습니다.
이 작은 눈금 한 칸의 길이를 I mm라 쓰고
I 밀리미터라고 읽습니다.

| I cm = IO mm |

I mm

---

1. I mm를 써 보시오.

I mm

2. 길이를 읽어 보시오.

(1) ⬜ 5 mm

[답]

(2) ⬜ 34 mm

[답]

3. 길이를 써 보시오.

(1) | 9 밀리미터 | ➡ ------------------
----

(2) | 25 밀리미터 | ➡ ------------------
----

4. 알맞게 선으로 연결하여 보시오.

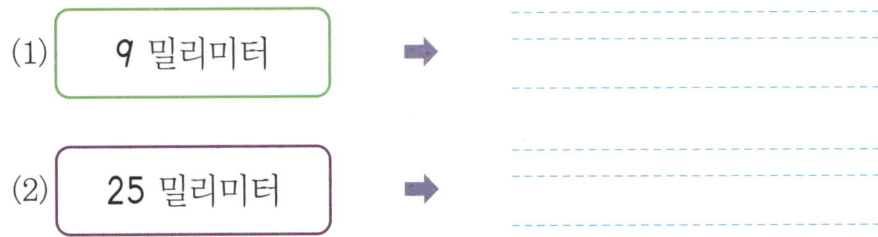

5. ☐ 안에 알맞은 수를 써넣으시오.

(1) 4 cm = ☐ mm   (2) 9 cm = ☐ mm

(3) 10 cm = ☐ mm   (4) 80 cm = ☐ mm

(5) 30 mm = ☐ cm   (6) 60 mm = ☐ cm

(7) 200 mm = ☐ cm   (8) 700 mm = ☐ cm

🌸 이름 :

🌸 날짜 :

🌸 시간 :　　　시　　　분 ~　　　시　　　분

확인

◆ **길이 재기**

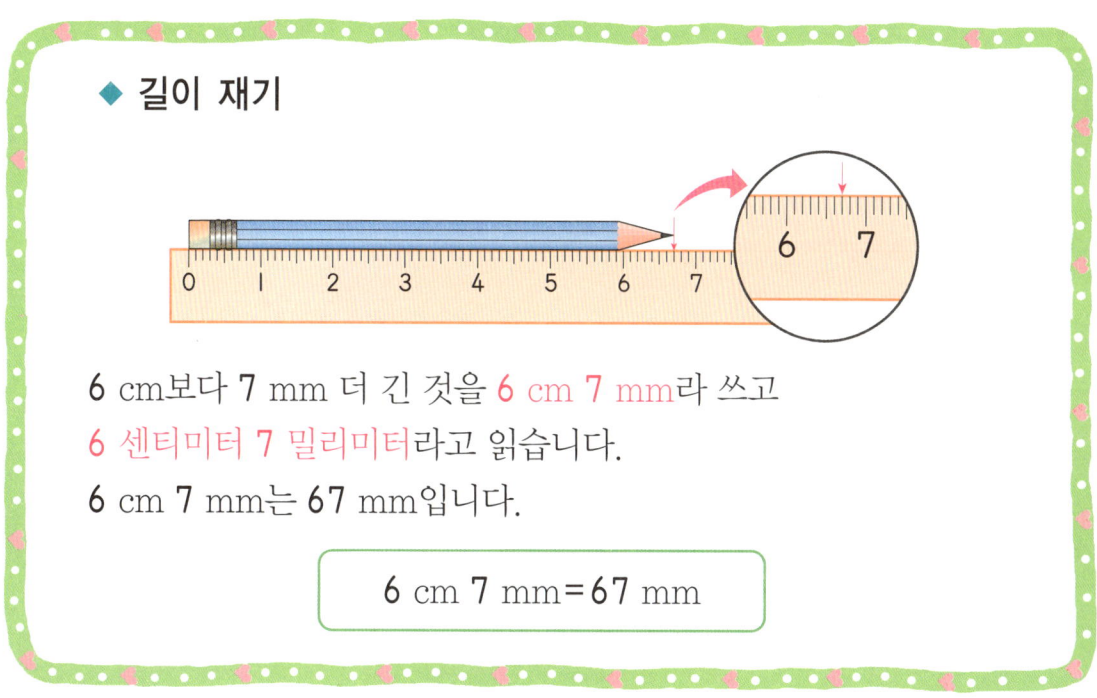

6 cm보다 7 mm 더 긴 것을 6 cm 7 mm라 쓰고

6 센티미터 7 밀리미터라고 읽습니다.

6 cm 7 mm는 67 mm입니다.

$$6 \text{ cm } 7 \text{ mm} = 67 \text{ mm}$$

🐸 크레파스의 길이를 mm 단위까지 재어 보려고 합니다. 다음 ☐ 안에 알맞은 수를 써넣으시오.(1~2)

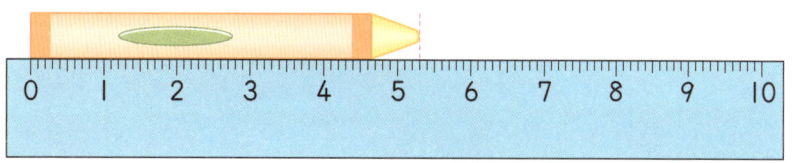

1. 크레파스의 길이는 5 cm보다 ☐ mm 더 깁니다.

2. 크레파스의 길이는 ☐ cm ☐ mm입니다.

3. 길이를 읽어 보시오.

(1) | 3 cm 6 mm

[답] _____

(2) | 9 cm 2 mm

[답] _____

4. 길이를 써 보시오.

(1) | 2 센티미터 9 밀리미터 ➡ _____

(2) | 7 센티미터 4 밀리미터 ➡ _____

5. ☐ 안에 알맞은 수를 써넣으시오.

(1)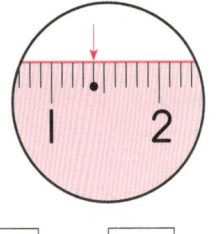

☐ cm ☐ mm

(2)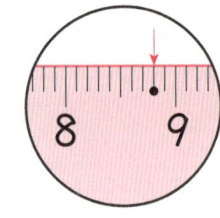

☐ cm ☐ mm

★ 이름 :

★ 날짜 :

★ 시간 :　시　분 ~　시　분

확인

🐸 다음 연필의 길이는 몇 cm 몇 mm인지 알아보시오.(1~4)

1.

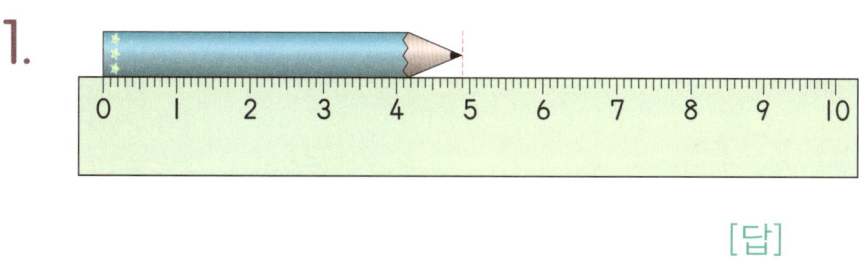

[답]

2.

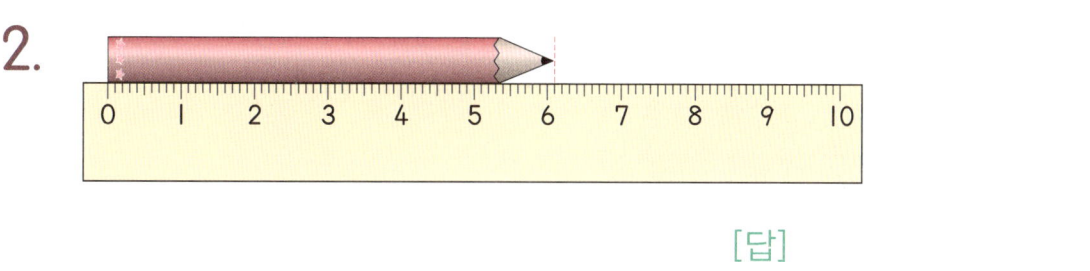

[답]

3.

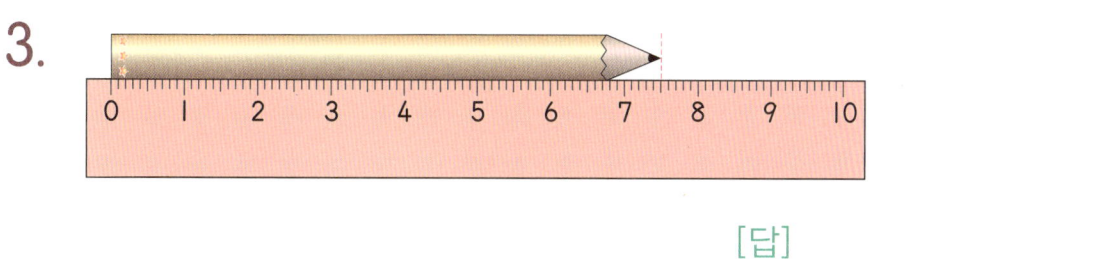

[답]

4.

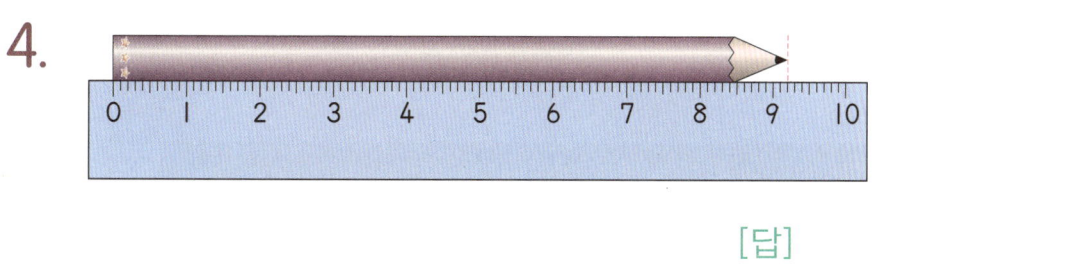

[답]

👻 다음 색 테이프의 길이는 몇 cm 몇 mm인지 자로 재어 보시오.(5~9)

5.

[답] _____

6.

[답] _____

7.

[답] _____

8.

[답] _____

9.

[답] _____

 사고력 학습

★ 이름 :

★ 날짜 :

★ 시간 :　시　분 ~　시　분

확인

🐸 다음 ☐ 안에 알맞은 수를 써넣으시오.(1~6)

1. 2 cm 8 mm

= 2 cm + 8 mm

= ☐ mm + 8 mm

= ☐ mm

2. 45 mm

= 40 mm + 5 mm

= ☐ cm + 5 mm

= ☐ cm ☐ mm

3. 5 cm 3 mm

= 5 cm + 3 mm

= ☐ mm + 3 mm

= ☐ mm

4. 62 mm

= 60 mm + 2 mm

= ☐ cm + 2 mm

= ☐ cm ☐ mm

5. 12 cm 4 mm

= 12 cm + 4 mm

= ☐ mm + 4 mm

= ☐ mm

6. 106 mm

= 100 mm + 6 mm

= ☐ cm + 6 mm

= ☐ cm ☐ mm

👻 다음 ☐ 안에 알맞은 수를 써넣으시오.(7~16)

7. 1 cm 5 mm = ☐ mm   8. 37 mm = ☐ cm ☐ mm

9. 4 cm 6 mm = ☐ mm   10. 79 mm = ☐ cm ☐ mm

11. 8 cm 7 mm = ☐ mm   12. 91 mm = ☐ cm ☐ mm

13. 20 cm 2 mm = ☐ mm   14. 138 mm = ☐ cm ☐ mm

15. 49 cm 9 mm = ☐ mm   16. 254 mm = ☐ cm ☐ mm

★ 이름 :

★ 날짜 :

★ 시간 :　　시　　분 ~　　시　　분

확인

◆ **I km 알아보기**

- 1000 m를 **I km**라 쓰고 **I 킬로미터**라고 읽습니다.

  | 1000 m=I km |

- **I km**보다 **500 m** 더 긴 것을 **I km 500 m**라 쓰고
  I 킬로미터 500 미터라고 읽습니다.
  I km 500 m는 1500 m입니다.

  | I km 500 m=1500 m |

---

1. I km를 써 보시오.

I km

2. ☐ 안에 알맞은 수를 써넣으시오.

(1) 3 km = ☐ m

(2) 4 km = ☐ m

(3) 6 km = ☐ m

(4) 8 km = ☐ m

(5) 2000 m = ☐ km

(6) 5000 m = ☐ km

(7) 7000 m = ☐ km

(8) 9000 m = ☐ km

사고력 학습

3. 집에서 기차역까지의 거리를 km와 m를 사용하여 나타내려고 합니다.
□ 안에 알맞은 수를 써넣으시오.

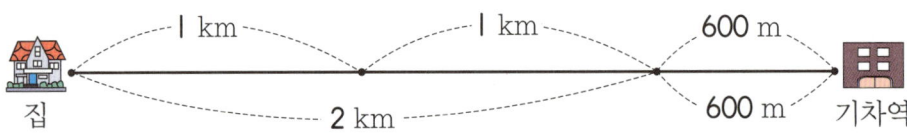

(1) 집에서 기차역까지는 2 km보다 □ m 더 깁니다.

(2) 집에서 기차역까지의 거리는 □ km □ m입니다.

4. 길이를 읽어 보시오.

(1) | 3 km 200 m |

[답] _____

(2) | 5 km 700 m |

[답] _____

5. 길이를 써 보시오.

(1) | 4 킬로미터 300 미터 | ➡

(2) | 7 킬로미터 900 미터 | ➡

★ 이름 :

★ 날짜 :

★ 시간 :　시　분 ~ 시　분

확인

😊 다음 ☐ 안에 알맞은 수를 써넣으시오.(1~4)

1.
☐ km ☐ m

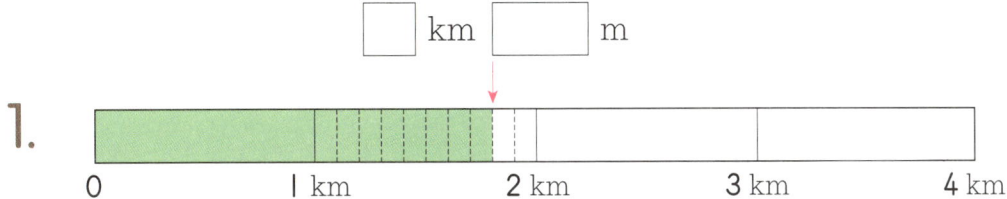

2.
☐ km ☐ m

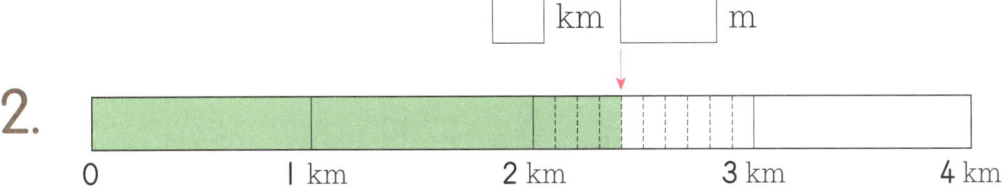

3.
☐ km ☐ m

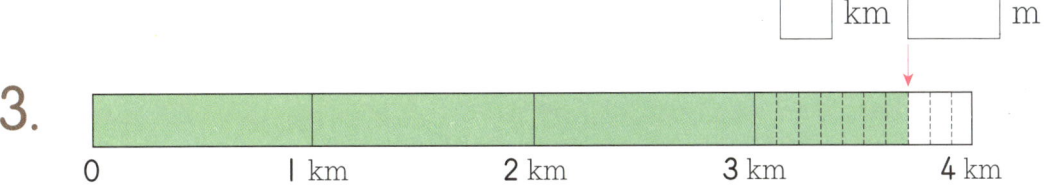

4.
☐ km ☐ m

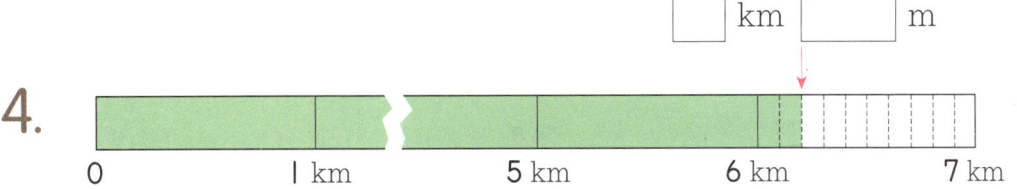

👻 다음 ☐ 안에 알맞은 수를 써넣으시오.(5~14)

5. 2 km 500 m
= 2 km+500 m
= ☐ m+500 m
= ☐ m

6. 1900 m
= 1000 m+900 m
= ☐ km+900 m
= ☐ km ☐ m

7. 4 km 700 m = ☐ m

8. 3200 m = ☐ km ☐ m

9. 5 km 100 m = ☐ m

10. 4800 m = ☐ km ☐ m

11. 7 km 650 m = ☐ m

12. 6150 m = ☐ km ☐ m

13. 9 km 380 m = ☐ m

14. 8730 m = ☐ km ☐ m

♣ 이름 :

♣ 날짜 :

♣ 시간 :   시   분 ~   시   분

확인

◆ cm와 mm **단위의 합**

• 받아올림이 없는 경우

```
    2 cm  3 mm
  + 2 cm  2 mm
  ───────────────
    4 cm  5 mm
```

• 받아올림이 있는 경우

```
    3 cm    6 mm
  + 3 cm    5 mm
  ───────────────
    6 cm   11 mm
  + 1 cm ←─ -10 mm
  ───────────────
    7 cm    1 mm
```

🐸 다음 ☐ 안에 알맞은 수를 써넣으시오.(1~4)

1.
```
    4 cm  3 mm
  + 2 cm  4 mm
  ───────────────
    ☐ cm  ☐ mm
```

2.
```
    2 cm  4 mm
  + 7 cm  4 mm
  ───────────────
    ☐ cm  ☐ mm
```

3.
```
    5 cm  2 mm
  + 2 cm  9 mm
  ───────────────
    7 cm  ☐ mm
  + ☐ cm ←─ -10 mm
  ───────────────
    ☐ cm  ☐ mm
```

4.
```
    3 cm  8 mm
  + 5 cm  8 mm
  ───────────────
    8 cm  ☐ mm
  + ☐ cm ←─ -10 mm
  ───────────────
    ☐ cm  ☐ mm
```

사고력 학습

🗨 다음 계산을 하시오.(5~12)

5.
```
  1 cm  2 mm
+ 5 cm  1 mm
─────────────
    cm    mm
```

6.
```
  5 cm  3 mm
+ 3 cm  6 mm
─────────────
    cm    mm
```

7.
```
  6 cm  3 mm
+ 1 cm  3 mm
─────────────
    cm    mm
```

8.
```
  1 cm  5 mm
+ 4 cm  2 mm
─────────────
    cm    mm
```

9.
```
  1 cm  7 mm
+ 3 cm  6 mm
─────────────
    cm    mm
```

10.
```
  3 cm  8 mm
+ 4 cm  7 mm
─────────────
    cm    mm
```

11.
```
  4 cm  5 mm
+ 5 cm  9 mm
─────────────
    cm    mm
```

12.
```
  7 cm  6 mm
+ 4 cm  6 mm
─────────────
    cm    mm
```

✿ 이름 :

✿ 날짜 :

✿ 시간 :　시　분 ~ 　시　분

확인

◆ km와 m 단위의 합

• 받아올림이 없는 경우

```
   2 km  700 m
 + 4 km  100 m
 ─────────────
   6 km  800 m
```

• 받아올림이 있는 경우

```
   5 km   300 m
 + 3 km   800 m
 ──────────────
   8 km  1100 m
 + 1 km ← ─1000 m
 ──────────────
   9 km   100 m
```

🐸 다음 ☐ 안에 알맞은 수를 써넣으시오.(1~4)

1.
```
   1 km  500 m
 + 1 km  400 m
 ─────────────
   ☐ km  ☐ m
```

2.
```
   2 km  100 m
 + 5 km  300 m
 ─────────────
   ☐ km  ☐ m
```

3.
```
   2 km  800 m
 + 5 km  500 m
 ─────────────
   7 km  ☐ m
 + ☐ km ← ─1000 m
 ─────────────
   ☐ km  ☐ m
```

4.
```
   3 km  900 m
 + 1 km  900 m
 ─────────────
   4 km  ☐ m
 + ☐ km ← ─1000 m
 ─────────────
   ☐ km  ☐ m
```

👻 다음 계산을 하시오.(5～12)

5.
$$\begin{array}{r} 2 \text{ km } 300 \text{ m} \\ + 6 \text{ km } 200 \text{ m} \\ \hline \text{km} \qquad \text{m} \end{array}$$

6.
$$\begin{array}{r} 2 \text{ km } 300 \text{ m} \\ + 2 \text{ km } 400 \text{ m} \\ \hline \text{km} \qquad \text{m} \end{array}$$

7.
$$\begin{array}{r} 7 \text{ km } 150 \text{ m} \\ + 2 \text{ km } 100 \text{ m} \\ \hline \text{km} \qquad \text{m} \end{array}$$

8.
$$\begin{array}{r} 8 \text{ km } 230 \text{ m} \\ + 7 \text{ km } 440 \text{ m} \\ \hline \text{km} \qquad \text{m} \end{array}$$

9.
$$\begin{array}{r} 2 \text{ km } 700 \text{ m} \\ + 3 \text{ km } 500 \text{ m} \\ \hline \text{km} \qquad \text{m} \end{array}$$

10.
$$\begin{array}{r} 1 \text{ km } 800 \text{ m} \\ + 6 \text{ km } 900 \text{ m} \\ \hline \text{km} \qquad \text{m} \end{array}$$

11.
$$\begin{array}{r} 6 \text{ km } 920 \text{ m} \\ + 4 \text{ km } 640 \text{ m} \\ \hline \text{km} \qquad \text{m} \end{array}$$

12.
$$\begin{array}{r} 5 \text{ km } 450 \text{ m} \\ + 7 \text{ km } 730 \text{ m} \\ \hline \text{km} \qquad \text{m} \end{array}$$

사고력 학습

★ 이름 :

★ 날짜 :

★ 시간 :   시   분 ~   시   분

확인

◆ cm와 mm **단위의 차**

• 받아내림이 없는 경우	• 받아내림이 있는 경우

		• 받아내림이 없는 경우				• 받아내림이 있는 경우

	3 cm 7 mm
−	2 cm 3 mm
	1 cm 4 mm

6   10
7̸ cm 3 mm
− 3 cm 4 mm
3 cm 9 mm

🐸 다음 ☐ 안에 알맞은 수를 써넣으시오.(1~4)

1.

```
    6  cm   4  mm
−   1  cm   2  mm
   [ ] cm  [ ] mm
```

2.

```
    8  cm   9  mm
−   6  cm   4  mm
   [ ] cm  [ ] mm
```

3.

```
  [ ]      [ ]
   9̸  cm   1  mm
−  2  cm   8  mm
  [ ] cm  [ ] mm
```

4.

```
  [ ]      [ ]
   6̸  cm   4  mm
−  1  cm   8  mm
  [ ] cm  [ ] mm
```

G-144b

다음 계산을 하시오.(5~12)

5.
```
    6 cm  8 mm
 −  2 cm  7 mm
 ──────────────
       cm    mm
```

6.
```
    9 cm  9 mm
 −  3 cm  2 mm
 ──────────────
       cm    mm
```

7.
```
    7 cm  5 mm
 −  4 cm  2 mm
 ──────────────
       cm    mm
```

8.
```
    8 cm  7 mm
 −  1 cm  1 mm
 ──────────────
       cm    mm
```

9.
```
    7 cm  3 mm
 −  5 cm  9 mm
 ──────────────
       cm    mm
```

10.
```
    8 cm  1 mm
 −  2 cm  3 mm
 ──────────────
       cm    mm
```

11.
```
   13 cm  2 mm
 −  5 cm  7 mm
 ──────────────
       cm    mm
```

12.
```
   11 cm  5 mm
 −  8 cm  8 mm
 ──────────────
       cm    mm
```

★ 이름 :

★ 날짜 :

★ 시간 :　　시　　분 ～　　시　　분

확인

◆ km와 m 단위의 차

• 받아내림이 없는 경우

$$\begin{array}{r} 8 \text{ km } 600 \text{ m} \\ - 4 \text{ km } 400 \text{ m} \\ \hline 4 \text{ km } 200 \text{ m} \end{array}$$

• 받아내림이 있는 경우

7　　1000

$$\begin{array}{r} \cancel{8} \text{ km } 300 \text{ m} \\ - 6 \text{ km } 700 \text{ m} \\ \hline 1 \text{ km } 600 \text{ m} \end{array}$$

 다음 □ 안에 알맞은 수를 써넣으시오.(1~4)

1.
$$\begin{array}{r} 5 \text{ km } 900 \text{ m} \\ - 3 \text{ km } 500 \text{ m} \\ \hline \square \text{ km } \square \text{ m} \end{array}$$

2.
$$\begin{array}{r} 7 \text{ km } 400 \text{ m} \\ - 1 \text{ km } 300 \text{ m} \\ \hline \square \text{ km } \square \text{ m} \end{array}$$

3.
$$\begin{array}{r} \square \quad \square \\ \cancel{6} \text{ km } 700 \text{ m} \\ - 4 \text{ km } 800 \text{ m} \\ \hline \square \text{ km } \square \text{ m} \end{array}$$

4.
$$\begin{array}{r} \square \quad \square \\ \cancel{5} \text{ km } 100 \text{ m} \\ - 1 \text{ km } 400 \text{ m} \\ \hline \square \text{ km } \square \text{ m} \end{array}$$

👻 다음 계산을 하시오.(5~12)

5.

$$
\begin{array}{r}
3\ \text{km}\ \ 400\ \text{m} \\
-\ 1\ \text{km}\ \ 100\ \text{m} \\
\hline
\text{km}\qquad\ \text{m}
\end{array}
$$

6.

$$
\begin{array}{r}
8\ \text{km}\ \ 800\ \text{m} \\
-\ 5\ \text{km}\ \ 300\ \text{m} \\
\hline
\text{km}\qquad\ \text{m}
\end{array}
$$

7.

$$
\begin{array}{r}
9\ \text{km}\ \ 350\ \text{m} \\
-\ 8\ \text{km}\ \ 200\ \text{m} \\
\hline
\text{km}\qquad\ \text{m}
\end{array}
$$

8.

$$
\begin{array}{r}
7\ \text{km}\ \ 670\ \text{m} \\
-\ 3\ \text{km}\ \ 430\ \text{m} \\
\hline
\text{km}\qquad\ \text{m}
\end{array}
$$

9.

$$
\begin{array}{r}
8\ \text{km}\ \ 100\ \text{m} \\
-\ 5\ \text{km}\ \ 600\ \text{m} \\
\hline
\text{km}\qquad\ \text{m}
\end{array}
$$

10.

$$
\begin{array}{r}
3\ \text{km}\ \ 300\ \text{m} \\
-\ 1\ \text{km}\ \ 500\ \text{m} \\
\hline
\text{km}\qquad\ \text{m}
\end{array}
$$

11.

$$
\begin{array}{r}
14\ \text{km}\ \ 130\ \text{m} \\
-\ 8\ \text{km}\ \ 700\ \text{m} \\
\hline
\text{km}\qquad\ \text{m}
\end{array}
$$

12.

$$
\begin{array}{r}
15\ \text{km}\ \ 560\ \text{m} \\
-\ 6\ \text{km}\ \ 920\ \text{m} \\
\hline
\text{km}\qquad\ \text{m}
\end{array}
$$

★이름 :

★날짜 :

★시간 : 시   분 ~   시   분

확인

---

1. 그림에서 나타내는 길이를 쓰고 읽어 보시오.

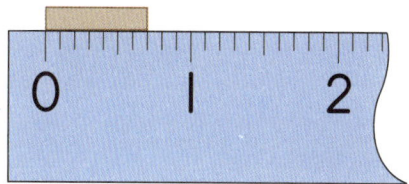

[쓰기] _____

[읽기] _____

---

2. 길이를 자로 재어 몇 cm 몇 mm인지 쓰고 읽어 보시오.

[쓰기] _____ , [읽기] _____

---

3. ☐ 안에 알맞은 수를 써넣으시오.

☐ km ☐ m

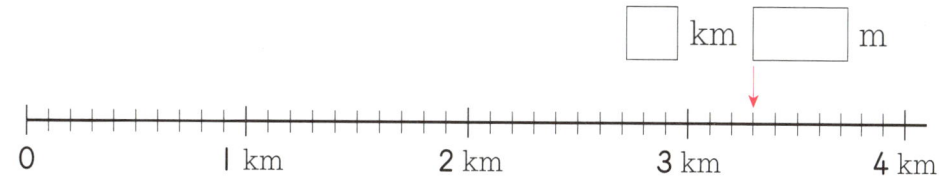

---

4. 다음이 나타내는 거리를 쓰고 읽어 보시오.

> 4 km보다 900 m 더 먼 거리

[쓰기] _____ , [읽기] _____

문제 해결력 학습

G-146b

5. □ 안에 알맞은 수를 써넣으시오.

(1) 27 cm 3 mm = ☐ mm

(2) 507 mm = ☐ cm ☐ mm

(3) 3 km 425 m = ☐ m

(4) 5050 m = ☐ km ☐ m

6. 길이가 더 긴 것을 찾아 ◯표 하시오.

(1) (25 cm 5 mm, 250 mm)

(2) (6006 m, 6 km 600 m)

7. 그림을 보고 □ 안에 알맞은 수를 써넣으시오.

(1) ☐ cm ☐ mm

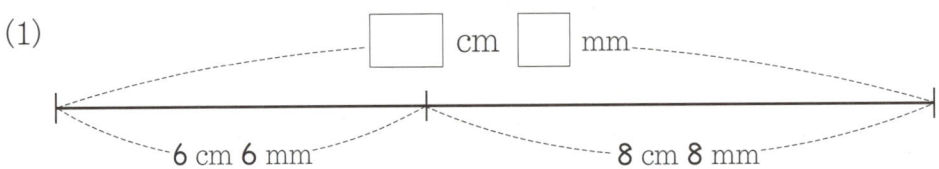

6 cm 6 mm   8 cm 8 mm

(2) 16 cm 3 mm

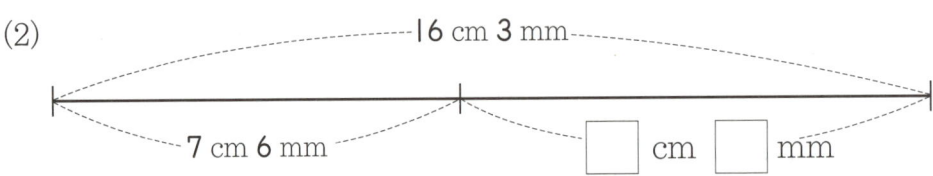

7 cm 6 mm   ☐ cm ☐ mm

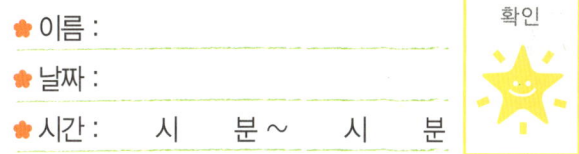
1. 정민이의 운동화의 크기는 230 mm입니다. 이 운동화의 크기는 몇 cm 입니까?

[답]

2. 은수가 가지고 있는 연필의 길이를 재어 보았더니 12 cm 5 mm였습니다. 이 연필의 길이는 몇 mm입니까?

[답]

3. 민호는 둘레가 1 km 350 m인 공원을 자전거로 돌았습니다. 민호가 자전거를 타고 돈 거리는 몇 m입니까?

[답]

4. 집에서 공항까지의 거리는 몇 km 몇 m입니까?

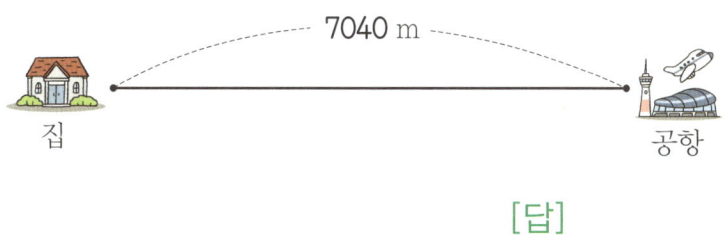

7040 m

집   공항

[답]

5. 어떤 책의 가로의 길이는 18 cm 9 mm, 세로의 길이는 25 cm 3 mm
   입니다. 이 책의 가로와 세로의 길이의 합은 몇 cm 몇 mm입니까?

   [식]   [답]

6. 길이가 55 cm 6 mm인 철사 중에서 25 cm 8 mm를 사용했습니다. 남
   은 철사의 길이는 몇 cm 몇 mm입니까?

   [식]   [답]

7. 등산로 입구에서 야영장까지의 거리는 2 km 950 m, 야영장에서 약수
   터까지의 거리는 1 km 150 m입니다. 등산로 입구에서 야영장을 지나
   약수터까지의 거리는 몇 km 몇 m입니까?

   [식]   [답]

8. 전망대까지 올라갈 때의 거리는 3 km 250 m이고 내려올 때의 거리는
   1 km 970 m입니다. 올라갈 때의 거리와 내려올 때의 거리의 차는 몇
   km 몇 m입니까?

   [식]   [답]

★ 이름 :

★ 날짜 :

★ 시간 :　시　분 ~　시　분

확인

창의력 학습

보희와 정호가 주사위를 던져 나온 눈의 수로 선분을 그리는 놀이를 하고 있습니다. 누가 이겼는지 알아보시오.

규칙

- 2개의 주사위를 던져 나온 눈의 수 중에서 큰 수는 mm, 작은 수는 cm로 정합니다.

  예 주사위를 던져서 ⚃, ⚄ 가 나왔습니다.

  ➡ 4 cm 5 mm

- 주사위는 3회 던집니다.

- 자를 사용하여 선분을 이어서 그린 다음, 더 길게 그린 사람이 이깁니다.

	1회	2회	3회
보희	⚀ ⚅	⚃ ⚁	⚂ ⚄
정호	⚄ ⚀	⚃ ⚅	⚂ ⚀

아진이는 집에서 가장 빠른 방법으로 문구점에 들러 준비물을 사서 학교까지 갔습니다. 집에서 학교까지 가는 데 걸은 거리는 모두 몇 km 몇 m인지 알아보시오.

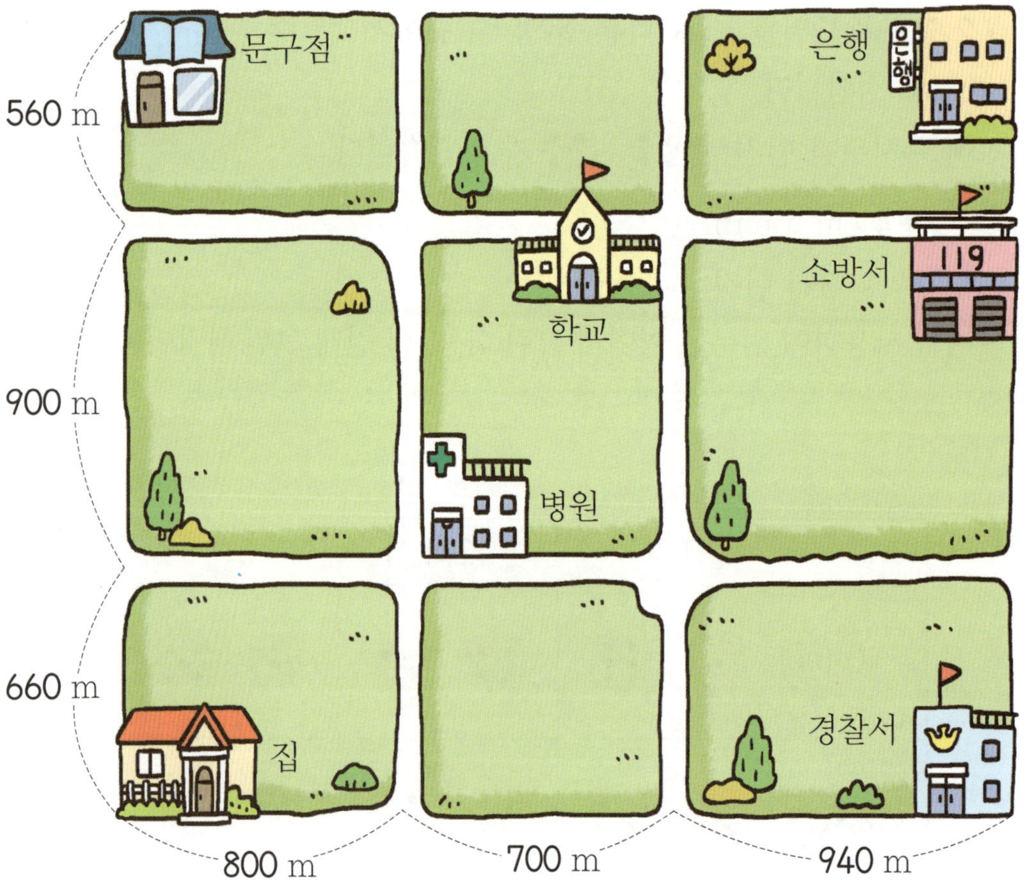

문구점
은행
560 m
학교
소방서
900 m
병원
660 m
집
경찰서
800 m
700 m
940 m

✿ 이름 :

✿ 날짜 :

✿ 시간 :　　시　　분 ~　　시　　분

확인

 **경시 대회 예상 문제**

1. 색 테이프의 길이는 몇 cm 몇 mm입니까?

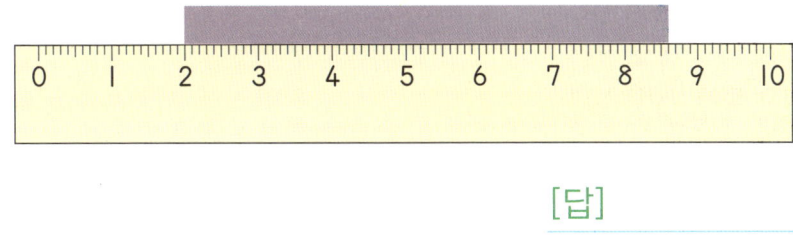

[답]

2. 주어진 길이만큼 선분을 그려 보시오.

(1)　3 cm 8 mm

(2)　57 mm

3. 빈 곳에 알맞은 수를 써넣으시오.

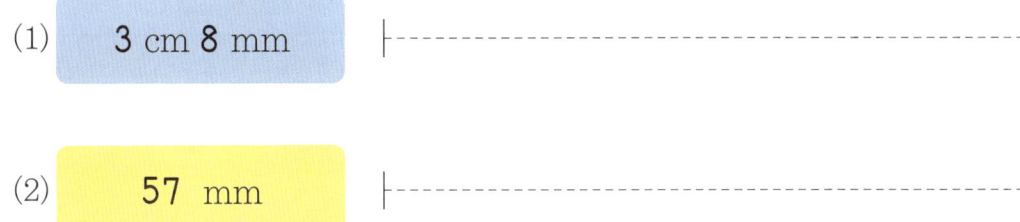

+ →		
5 cm 5 mm	36 mm	cm　mm
17 mm	2 cm 9 mm	mm
cm　mm	mm	cm　mm

4. ☐ 안에 알맞은 수를 써넣으시오.

(1) ☐ cm ☐ mm + 4 cm 6 mm = 13 cm 2 mm

(2) 12 cm 4 mm − ☐ cm ☐ mm = 5 cm 9 mm

(3) 6 km 700 m + ☐ km ☐ m = 10 km 200 m

(4) ☐ km ☐ m − 6 km 810 m = 7 km 690 m

5. 두 색연필의 길이의 합과 차는 각각 몇 cm 몇 mm입니까?

[합] _____ , [차] _____

6. ㉠이 ㉡보다 더 길 때, ☐ 안에 들어갈 수 있는 수 중에서 가장 큰 수를 구하시오.

㉠ 10 cm 4 mm − 56 mm   ㉡ ☐ mm − 2 cm 6 mm

[답] _____

 경시 대회 예상 문제

7. ㉠이 ㉡보다 더 길 때, □ 안에 들어갈 수 있는 수 중에서 가장 작은 수를 구하시오.

㉠ 3 km 940 m + □ m   ㉡ 4500 m + 2 km 50 m

[답]

8. 두 개의 색 테이프를 겹쳐 붙였습니다. 두 색 테이프를 붙인 후의 길이는 몇 cm 몇 mm입니까?

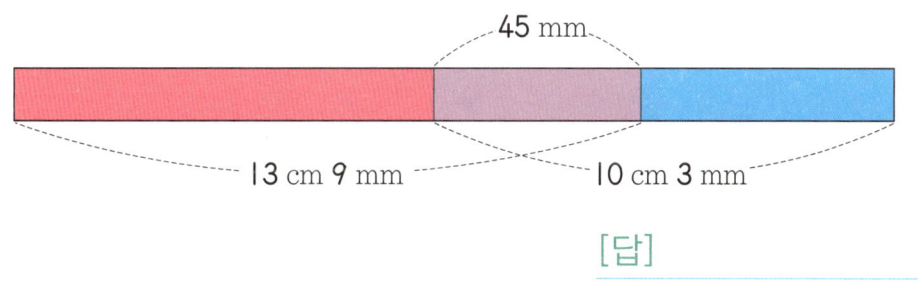

45 mm

13 cm 9 mm   10 cm 3 mm

[답]

9. 정문에서 기념관까지의 거리는 5 km 320 m입니다. 동물원에서 식물원까지의 거리를 구하시오.

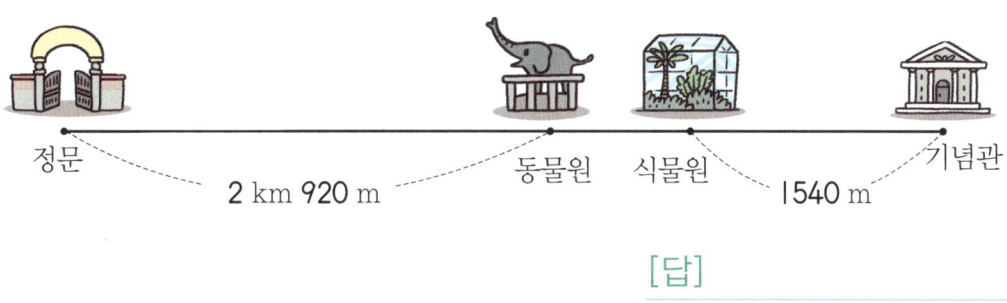

정문   동물원   식물원   기념관

2 km 920 m   1540 m

[답]

서술형·논술형

10. 경미는 어머니 심부름으로 집에서 가게를 다녀왔습니다. 경미가 걸은 거리는 몇 km 몇 m인지 풀이 과정을 써서 구하시오.

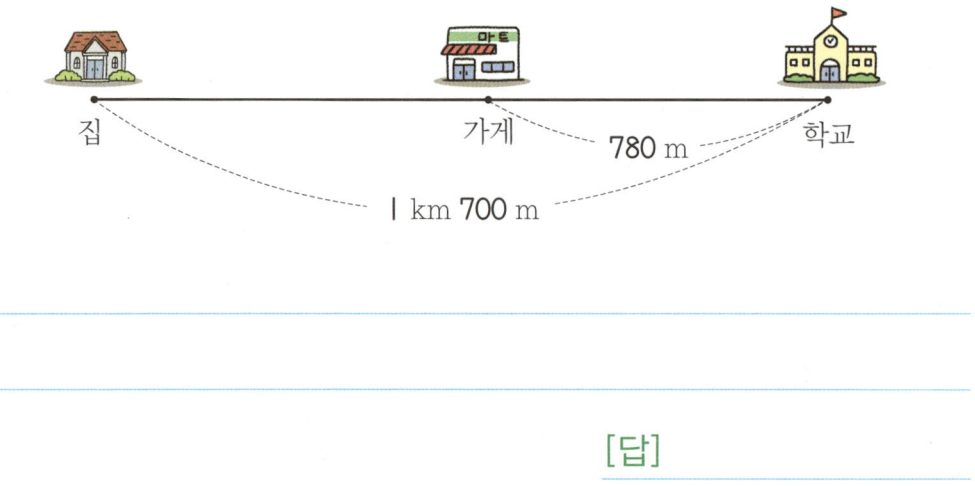

집　　　　　　　　　　가게　　　780 m　　　학교

1 km 700 m

[답]

서술형·논술형

11. 길이가 20 cm인 종이테이프를 5 mm씩 겹쳐 붙여서 길이가 1 m보다 길고 1 m 20 cm보다 짧게 만들려고 합니다. 종이테이프를 몇 장 붙여야 하는지 풀이 과정을 써서 구하시오.

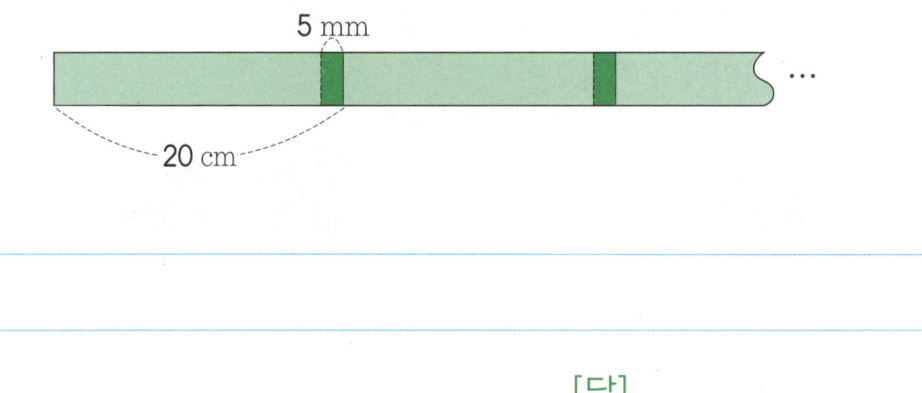

5 mm

20 cm

[답]

사고력도 탄탄! 창의력도 탄탄!

기탄사고력수학

G3

🦆 **G151a ~ G165b**

학습 관리표

학습 내용		이번 주는?
길이와 시간 ②	· 시각과 시간의 개념 알기 · 1초의 개념 알기 · 시간의 합과 차 구하기 · 창의력 학습 · 경시 대회 예상 문제	· 학습 방법 : ① 매일매일 ② 가끔 ③ 한꺼번에 　　　　　　 하였습니다. · 학습 태도 : ① 스스로 잘 ② 시켜서 억지로 　　　　　　 하였습니다. · 학습 흥미 : ① 재미있게 ② 싫증내며 　　　　　　 하였습니다. · 교재 내용 : ① 적합하다고 ② 어렵다고 ③ 쉽다고 　　　　　　 하였습니다.

지도 교사가 부모님께	부모님이 지도 교사께

평가	Ⓐ 아주 잘함　　　Ⓑ 잘함　　　Ⓒ 보통　　　Ⓓ 부족함

원(교) 　　　 반 　 이름 　　　　　 전화

기초부터 탄탄하게
G 기탄교육
www.gitan.co.kr / (02)586-1007(대)

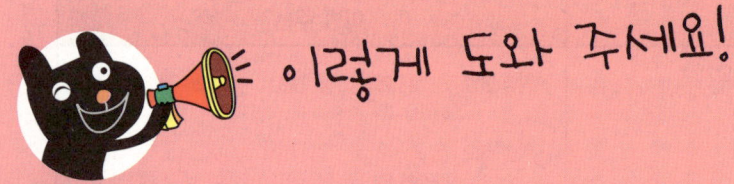

이렇게 도와 주세요!

● **학습 목표**
– 시각과 시간의 개념을 이해할 수 있다.
– '1분=60초'의 관계를 이해하고, 초 단위까지의 시간의 덧셈과 뺄셈의 계산 원리를
  알고 계산할 수 있다.

● **지도 내용**
– 시각과 시간의 개념을 이해하고 적용하게 한다.
– 초 단위의 필요성을 알고 시각을 읽을 수 있도록 한다.
– (시각)+(시간)=(시각), (시간)+(시간)=(시간),
  (시각)−(시각)=(시간), (시각)−(시간)=(시각), (시간)−(시간)=(시간)
  을 계산해 보게 한다.

● **지도 요점**
시각과 시간의 의미를 분명히 이해할 수 있게 하고, '1시간=60분, 1분=60초'의
관계를 알고, 시, 분, 초 단위까지의 시간의 덧셈과 뺄셈을 계산하게 지도합니다.
또한, 생활에서 사용되는 열차 시간표, TV 프로그램, 학교 시간표 등 여러 가지
시간표를 수집하여 이를 이용한 문제를 만들어 보고 해결하도록 지도합니다.

★ 이름 :

★ 날짜 :

★ 시간 :　시　분 ~　시　분

확인

◆ **시각과 시간 알아보기**

야구 경기가 6시에 시작되어 3시간 30분 동안 경기를 하고 9시 30분에 끝났습니다.

 → 3시간 30분 →

- '야구 경기가 6시에 시작되었다'에서 '6시'와 같이 어느 한 시점을 나타내는 것을 시각이라고 합니다.
- '6시부터 9시 30분까지 3시간 30분 동안 야구 경기를 했다'에서 '3시간 30분 동안'과 같이 어떤 시각에서 어떤 시각까지의 사이를 시간이라고 합니다.

음악회가 7시에 시작되어 1시간 20분 동안 연주를 하고 8시 20분에 끝났습니다. 다음 물음에 답하시오.(1~2)

1. '시각'에 해당하는 것을 모두 쓰시오.

   [답]

2. '시간'에 해당하는 것을 쓰시오.

   [답]

3. 준우네 가족은 지난 일요일에 영화를 보러 갔습니다. 영화가 오전 10시에 상영이 시작되어 오전 11시 20분에 끝났습니다. □ 안에 알맞은 수를 써넣으시오.

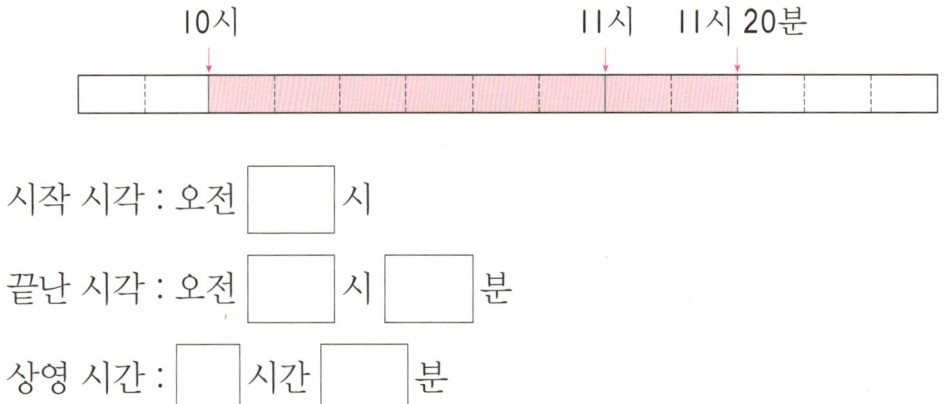

시작 시각 : 오전 ☐ 시

끝난 시각 : 오전 ☐ 시 ☐ 분

상영 시간 : ☐ 시간 ☐ 분

4. 경희는 오후 3시 20분에 그림을 그리기 시작하여 오후 4시 30분에 끝냈습니다. □ 안에 알맞은 수를 써넣으시오.

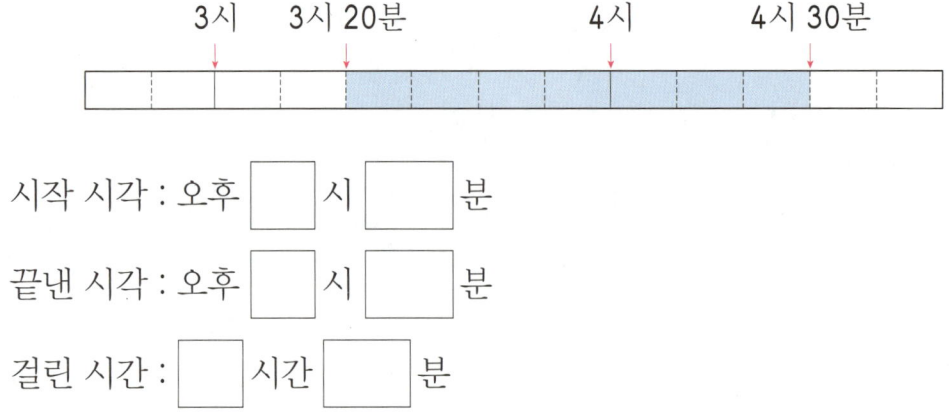

시작 시각 : 오후 ☐ 시 ☐ 분

끝낸 시각 : 오후 ☐ 시 ☐ 분

걸린 시간 : ☐ 시간 ☐ 분

★ 이름 :

★ 날짜 :

★ 시간 : 시 분 ~ 시 분

확인

🐸 시간에 맞도록 ☐ 안에 알맞은 수를 써넣으시오.(1~4)

1.
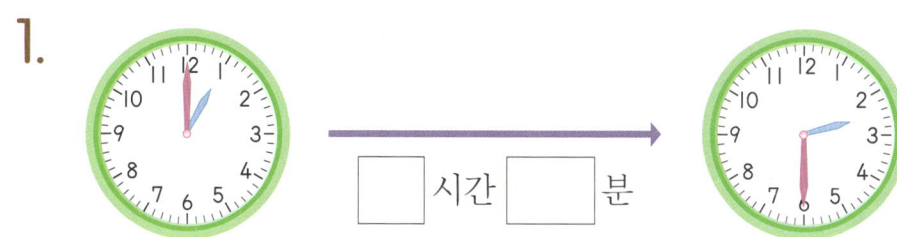

☐ 시간 ☐ 분

2.
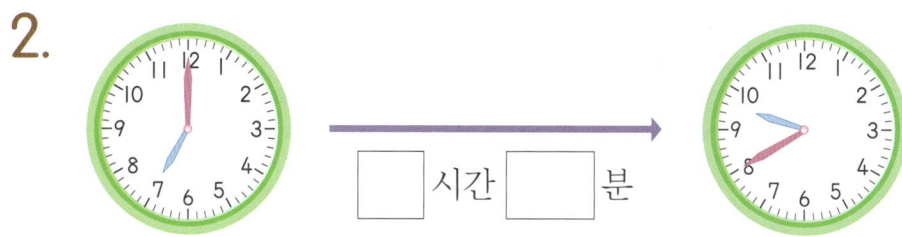

☐ 시간 ☐ 분

3.
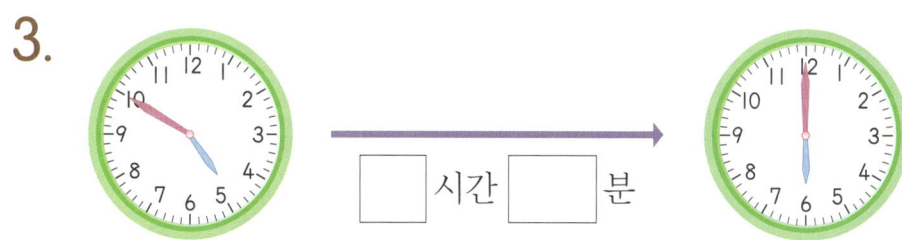

☐ 시간 ☐ 분

4.
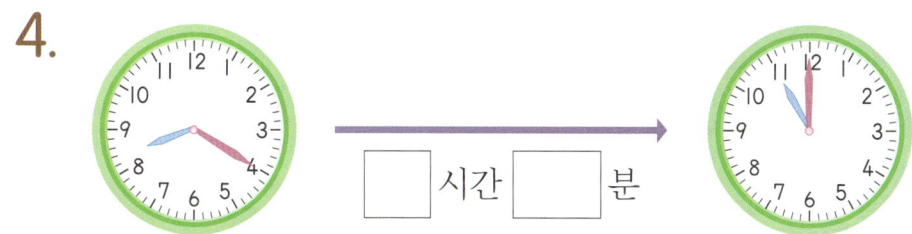

☐ 시간 ☐ 분

👻 시간에 맞도록 ☐ 안에 알맞은 수를 써넣으시오.(5~8)

5.  ⟶ ☐ 시간 ☐ 분

6.  ⟶ ☐ 시간 ☐ 분

7.  ⟶ ☐ 시간 ☐ 분

8.  ⟶ ☐ 시간 ☐ 분

✿ 이름 :

✿ 날짜 :

✿ 시간 :　　시　　분 ~　　시　　분

◆ 1초 알아보기

• 초침이 작은 눈금 한 칸을 지나는 데 걸리는 시간을 1초라고 합니다.

 ➡

• 초침이 가리키는 숫자와 초의 관계

숫자	1	2	3	4	5	6	7	8	9	10	11	12
초	5	10	15	20	25	30	35	40	45	50	55	60

• 초침이 시계를 한 바퀴 도는 데 걸리는 시간은 60초입니다.

1분 = 60초

1. 시계 그림에서 ○ 안에 알맞은 초를 써넣으시오.

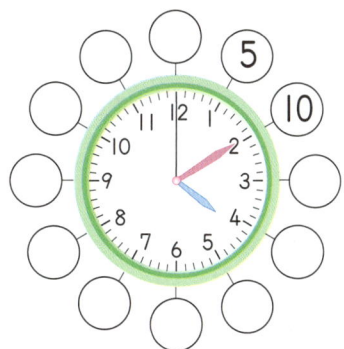

다음 시각을 읽어 보시오.(2~7)

2.

[　 시 　 분 　 초]

3.

[　 시 　 분 　 초]

4.

[　 시 　 분 　 초]

5.

[　 시 　 분 　 초]

6.

[　 시 　 분 　 초]

7.

[　 시 　 분 　 초]

사고력 학습

🌸 이름 :

🌸 날짜 :

🌸 시간 :　　시　　분 ~ 　　시　　분

확인

🐸 다음 모형 시계에 초침을 그려 보시오.(1~6)

1.

[10시 40분 5초]

2.

[2시 5분 50초]

3.

[7시 26분 12초]

4.

[8시 38분 21초]

5.

[4시 14분 36초]

6.

[12시 3분 44초]

👻 다음 ☐ 안에 알맞은 수를 써넣으시오.(7~16)

7. 1분 20초=1분+20초

       = ☐ 초+20초

       = ☐ 초

8. 100초=60초+40초

       = ☐ 분+40초

       = ☐ 분 ☐ 초

9. 2분 10초= ☐ 초

10. 230초= ☐ 분 ☐ 초

11. 4분 50초= ☐ 초

12. 310초= ☐ 분 ☐ 초

13. 6분 40초= ☐ 초

14. 450초= ☐ 분 ☐ 초

15. 8분 35초= ☐ 초

16. 565초= ☐ 분 ☐ 초

❀ 이름 :

❀ 날짜 :

❀ 시간 :　　시　　분~　　시　　분

확인

◆ **시간과 분 단위의 합**

• 받아올림이 없는 경우

```
   2 시   20 분
 + 3 시간  10 분
─────────────
   5 시   30 분
```

• 받아올림이 있는 경우

```
   1 시간  30 분
 + 2 시간  40 분
─────────────
   3 시간  70 분
 +1 시간 ← −60 분
─────────────
   4 시간  10 분
```

🐸 다음 ☐ 안에 알맞은 수를 써넣으시오.(1~4)

1.
```
   4 시   30 분
 + 2 시간  20 분
─────────────
   ☐ 시   ☐ 분
```

2.
```
   3 시간  25 분
 + 6 시간  15 분
─────────────
   ☐ 시간  ☐ 분
```

3.
```
   4 시   40 분
 + 3 시간  40 분
─────────────
   7 시   ☐ 분
 +☐ 시간←−60분
─────────────
   ☐ 시   ☐ 분
```

4.
```
   2 시간  55 분
 + 4 시간  35 분
─────────────
   6 시간  ☐ 분
 +☐ 시간←−60분
─────────────
   ☐ 시간  ☐ 분
```

사고력 학습

👻 다음 계산을 하시오.(5~12)

5.

```
  1 시   10 분
+ 6 시간 10 분
─────────────
    시      분
```

6.

```
  2 시간 20 분
+ 4 시간 35 분
─────────────
    시간     분
```

7.

```
  3 시   15 분
+ 2 시간 20 분
─────────────
    시      분
```

8.

```
  7 시간 17 분
+ 2 시간 21 분
─────────────
    시간     분
```

9.

```
  1 시   25 분
+ 5 시간 45 분
─────────────
    시      분
```

10.

```
  3 시간 55 분
+ 4 시간 40 분
─────────────
    시간     분
```

11.

```
  3 시   30 분
+ 5 시간 35 분
─────────────
    시      분
```

12.

```
  6 시간 42 분
+ 3 시간 36 분
─────────────
    시간     분
```

✿ 이름 :

✿ 날짜 :

✿ 시간 :　　시　　분 ~　　시　　분

확인

◆ **시간, 분, 초 단위의 합**

```
      5 분   50 초
  + 2 분   30 초
  ─────────────
      7 분   80 초
  +1 분 ← −60 초
  ─────────────
      8 분   20 초
```

```
   2 시간   35 분   20 초
 + 1 시간   45 분   50 초
 ─────────────────────
   3 시간   80 분   70 초
               +1 분 ← −60 초
 ─────────────────────
   3 시간   81 분   10 초
      +1 시간 ← −60 분
 ─────────────────────
   4 시간   21 분   10 초
```

🐸 다음 ☐ 안에 알맞은 수를 써넣으시오.(1~2)

1.
```
      3 분   45 초
  + 1 분   45 초
  ─────────────
      4 분   ☐ 초
  + ☐ 분 ← −60 초
  ─────────────
      ☐ 분   ☐ 초
```

2.
```
      2 시     25 분   50 초
  + 3 시간   50 분   35 초
  ──────────────────────
      ☐ 시    ☐ 분   ☐ 초
               +1 분 ← −60 초
  ──────────────────────
      ☐ 시    ☐ 분   ☐ 초
      +1 시간 ← −60 분
  ──────────────────────
      ☐ 시    ☐ 분   ☐ 초
```

다음 계산을 하시오.(3~10)

3.

	1 시	20 분	20 초
+	1 시간	20 분	5 초
	시	분	초

4.

	6 시간	25 분	10 초
+	3 시간	20 분	40 초
	시간	분	초

5.

	3 시	15 분	50 초
+	5 시간	15 분	40 초
	시	분	초

6.

	2 시간	25 분	30 초
+	2 시간	30 분	55 초
	시간	분	초

7.

	4 시	55 분	15 초
+	1 시간	20 분	35 초
	시	분	초

8.

	4 시간	25 분	10 초
+	5 시간	55 분	5 초
	시간	분	초

9.

	5 시	15 분	50 초
+	1 시간	45 분	50 초
	시	분	초

10.

	2 시간	71 분	51 초
+	2 시간	11 분	45 초
	시간	분	초

🌸 이름 :

🌸 날짜 :

🌸 시간 :　　　시　　분 ~ 　　시　　분

확인

🐸 다음 계산을 하시오. (1~8)

1.
$$\begin{array}{r} 2\,시\quad 5\,분 \\ +\ 7\,시간\ 35\,분 \\ \hline \end{array}$$

2.
$$\begin{array}{r} 8\,시간\ 55\,분 \\ +\ 4\,시간\ 55\,분 \\ \hline \end{array}$$

3.
$$\begin{array}{r} 6\,분\ 10\,초 \\ +\ 2\,분\ 25\,초 \\ \hline \end{array}$$

4.
$$\begin{array}{r} 3\,분\ 35\,초 \\ +\ 7\,분\ 35\,초 \\ \hline \end{array}$$

5.
$$\begin{array}{r} 1\,시\quad 10\,분\ 25\,초 \\ +\ 4\,시간\ 35\,분\quad 5\,초 \\ \hline \end{array}$$

6.
$$\begin{array}{r} 9\,시간\ 15\,분\ 20\,초 \\ +\ 7\,시간\ 10\,분\ 45\,초 \\ \hline \end{array}$$

7.
$$\begin{array}{r} 5\,시\quad 50\,분\ 15\,초 \\ +\ 6\,시간\ 45\,분\ 40\,초 \\ \hline \end{array}$$

8.
$$\begin{array}{r} 2\,시간\ 57\,분\ 26\,초 \\ +\ 8\,시간\ 42\,분\ 48\,초 \\ \hline \end{array}$$

사고력 학습

9. 어머니께서는 8시 5분에 집에서 출발하여 40분 후에 회사에 도착할 예정입니다. 어머니가 회사에 도착할 시각은 몇 시 몇 분입니까?

   [답] _____

10. 철민이는 책을 오전에 1시간 45분 동안 읽었고 오후에 1시간 40분 동안 읽었습니다. 철민이가 책을 읽은 시간은 모두 몇 시간 몇 분입니까?

    [답] _____

11. 정민이는 줄넘기를 어제는 7분 50초 동안 하였고 오늘은 7분 55초 동안 하였습니다. 정민이가 어제와 오늘 줄넘기를 한 시간은 몇 분 몇 초입니까?

    [답] _____

12. 슬아는 아버지와 함께 등산을 하였습니다. 산을 올라가는 데 1시간 55분 30초 걸렸고, 내려오는 데는 올라갈 때보다 24분 45초 더 많이 걸렸습니다. 내려오는 데 걸린 시간은 몇 시간 몇 분 몇 초입니까?

    [답] _____

✿ 이름 :

✿ 날짜 :

✿ 시간 :　시　분~　시　분

확인

◆ 시간과 분 단위의 차

• 받아내림이 없는 경우

$$
\begin{array}{r}
8\ \text{시}\quad 50\ \text{분} \\
-\ 7\ \text{시}\quad 30\ \text{분} \\
\hline
1\ \text{시간}\ 20\ \text{분}
\end{array}
$$

• 받아내림이 있는 경우

$$
\begin{array}{r}
\overset{6}{7}\ \text{시간}\ \overset{60}{20}\ \text{분} \\
-\ 2\ \text{시간}\ 50\ \text{분} \\
\hline
4\ \text{시간}\ 30\ \text{분}
\end{array}
$$

🐸 다음 ☐ 안에 알맞은 수를 써넣으시오.(1~4)

1.
$$
\begin{array}{r}
6\ \text{시}\quad 40\ \text{분} \\
-\ 1\ \text{시간}\ 30\ \text{분} \\
\hline
\boxed{\ }\ \text{시}\quad \boxed{\ }\ \text{분}
\end{array}
$$

2.
$$
\begin{array}{r}
7\ \text{시간}\ 55\ \text{분} \\
-\ 4\ \text{시간}\ 20\ \text{분} \\
\hline
\boxed{\ }\ \text{시간}\ \boxed{\ }\ \text{분}
\end{array}
$$

3.
$$
\begin{array}{r}
\boxed{\ }\quad\quad \boxed{\ } \\
5\ \text{시}\quad 10\ \text{분} \\
-\ 3\ \text{시}\quad 20\ \text{분} \\
\hline
\boxed{\ }\ \text{시간}\ \boxed{\ }\ \text{분}
\end{array}
$$

4.
$$
\begin{array}{r}
\boxed{\ }\quad\quad \boxed{\ } \\
9\ \text{시}\quad 25\ \text{분} \\
-\ 2\ \text{시간}\ 40\ \text{분} \\
\hline
\boxed{\ }\ \text{시}\quad \boxed{\ }\ \text{분}
\end{array}
$$

사고력 학습

🗣️ 다음 계산을 하시오.(5~12)

5.
$$\begin{array}{r} 9 \text{ 시간 } 40 \text{ 분} \\ - 2 \text{ 시간 } 10 \text{ 분} \\ \hline \text{ 시간 } \text{ 분} \end{array}$$

6.
$$\begin{array}{r} 5 \text{ 시 } 35 \text{ 분} \\ - 1 \text{ 시 } 20 \text{ 분} \\ \hline \text{ 시간 } \text{ 분} \end{array}$$

7.
$$\begin{array}{r} 6 \text{ 시 } 50 \text{ 분} \\ - 4 \text{ 시 } 25 \text{ 분} \\ \hline \text{ 시간 } \text{ 분} \end{array}$$

8.
$$\begin{array}{r} 10 \text{ 시 } 59 \text{ 분} \\ - 6 \text{ 시간 } 47 \text{ 분} \\ \hline \text{ 시 } \text{ 분} \end{array}$$

9.
$$\begin{array}{r} 5 \text{ 시 } 15 \text{ 분} \\ - 3 \text{ 시간 } 35 \text{ 분} \\ \hline \text{ 시 } \text{ 분} \end{array}$$

10.
$$\begin{array}{r} 9 \text{ 시간 } 35 \text{ 분} \\ - 5 \text{ 시간 } 40 \text{ 분} \\ \hline \text{ 시간 } \text{ 분} \end{array}$$

11.
$$\begin{array}{r} 8 \text{ 시 } 30 \text{ 분} \\ - 2 \text{ 시 } 55 \text{ 분} \\ \hline \text{ 시간 } \text{ 분} \end{array}$$

12.
$$\begin{array}{r} 15 \text{ 시 } 16 \text{ 분} \\ - 6 \text{ 시간 } 53 \text{ 분} \\ \hline \text{ 시 } \text{ 분} \end{array}$$

★ 이름 :

★ 날짜 :

★ 시간 :   시   분 ~   시   분

확인

◆ 시간, 분, 초 단위의 차

$$
\begin{array}{r}
\overset{4}{\cancel{5}} \ \text{분} \ \overset{60}{\cancel{30}} \ \text{초} \\
- \ 2 \ \text{분} \ 40 \ \text{초} \\
\hline
2 \ \text{분} \ 50 \ \text{초}
\end{array}
$$

$$
\begin{array}{r}
\overset{7}{\cancel{8}} \ \text{시} \ \overset{\overset{60}{10}}{\cancel{11}} \ \text{분} \ \overset{60}{\cancel{15}} \ \text{초} \\
- \ 1 \ \text{시간} \ 35 \ \text{분} \ 20 \ \text{초} \\
\hline
6 \ \text{시} \ 35 \ \text{분} \ 55 \ \text{초}
\end{array}
$$

🐸 다음 ☐ 안에 알맞은 수를 써넣으시오.(1~4)

1.
$$
\begin{array}{r}
7 \ \text{분} \ 35 \ \text{초} \\
- \ 5 \ \text{분} \ 30 \ \text{초} \\
\hline
\boxed{} \ \text{분} \ \boxed{} \ \text{초}
\end{array}
$$

2.
$$
\begin{array}{r}
\boxed{} \qquad \boxed{} \\
6 \ \text{시} \ 30 \ \text{분} \ 50 \ \text{초} \\
- \ 2 \ \text{시} \ 50 \ \text{분} \ 35 \ \text{초} \\
\hline
\boxed{} \ \text{시간} \ \boxed{} \ \text{분} \ \boxed{} \ \text{초}
\end{array}
$$

3.
$$
\begin{array}{r}
\boxed{} \qquad \boxed{} \\
4 \ \text{분} \ 5 \ \text{초} \\
- \ 2 \ \text{분} \ 40 \ \text{초} \\
\hline
\boxed{} \ \text{분} \ \boxed{} \ \text{초}
\end{array}
$$

4.
$$
\begin{array}{r}
\boxed{} \quad \overset{60}{\boxed{}} \quad \boxed{} \\
\cancel{9} \ \text{시간} \ \cancel{16} \ \text{분} \ 15 \ \text{초} \\
- \ 3 \ \text{시간} \ 30 \ \text{분} \ 55 \ \text{초} \\
\hline
\boxed{} \ \text{시간} \ \boxed{} \ \text{분} \ \boxed{} \ \text{초}
\end{array}
$$

👻 다음 계산을 하시오.(5~12)

5.

	8 시	35 분	30 초
−	4 시	10 분	20 초
	시간	분	초

6.

	9 시	50 분	40 초
−	1 시간	20 분	25 초
	시	분	초

7.

	8 시간	56 분	25 초
−	6 시간	45 분	55 초
	시간	분	초

8.

	9 시	51 분	5 초
−	4 시	10 분	50 초
	시간	분	초

9.

	7 시	35 분	35 초
−	3 시간	55 분	15 초
	시	분	초

10.

	4 시간	40 분	50 초
−	1 시간	45 분	15 초
	시간	분	초

11.

	7 시	11 분	40 초
−	5 시	45 분	50 초
	시간	분	초

12.

	5 시	46 분	30 초
−	1 시간	50 분	45 초
	시	분	초

★ 이름 :

★ 날짜 :

★ 시간 :　　 시　　 분 ～　　 시　　 분

확인

🐸 다음 계산을 하시오.(1~8)

1.
　　8 시 20 분
　－ 1 시 15 분
　───────

2.
　 12 시　 20 분
　－ 9 시간 40 분
　───────

3.
　　7 분 40 초
　－ 6 분 20 초
　───────

4.
　 14 분 20 초
　－ 4 분 55 초
　───────

5.
　 9 시간 30 분 45 초
　－ 5 시간 15 분 35 초
　───────

6.
　 10 시 56 분　 5 초
　－ 8 시 25 분 20 초
　───────

7.
　　8 시　 25 분 40 초
　－ 3 시간 30 분　 5 초
　───────

8.
　 12 시간 22 분 33 초
　－ 7 시간 46 분 36 초
　───────

9. 현정이가 45분 동안 숙제를 하고 나니 4시 50분이 되었습니다. 현정이가 숙제를 시작한 시각은 몇 시 몇 분입니까?

[답]

10. 교내 컴퓨터 경진 대회가 1시간 55분 동안 진행되어 오전 11시 40분에 끝났습니다. 교내 컴퓨터 경진 대회는 몇 시 몇 분에 시작되었습니까?

[답]

11. 은서와 경수가 학교에 가는 데 은서는 걸어서 13분 10초 걸렸고, 경수는 자전거로 5분 30초 걸렸습니다. 은서는 경수보다 몇 분 몇 초 더 많이 걸렸습니까?

[답]

12. 마라톤 대회에서 어떤 선수가 8시 35분 45초에 출발하여 11시 1분 25초에 도착하였습니다. 이 선수가 달린 시간은 몇 시간 몇 분 몇 초입니까?

[답]

★이름 :

★날짜 :

★시간 :　　시　　분~　　시　　분

확인

1. 연극이 오후 7시에 시작되어 1시간 30분 동안 공연을 하고 오후 8시 30분에 끝났습니다. 물음에 답하시오.

(1) '시각'에 해당하는 것을 모두 쓰시오.

[답] _____

(2) '시간'에 해당하는 것을 쓰시오.　　　　[답] _____

2. □ 안에 알맞은 수를 써넣으시오.

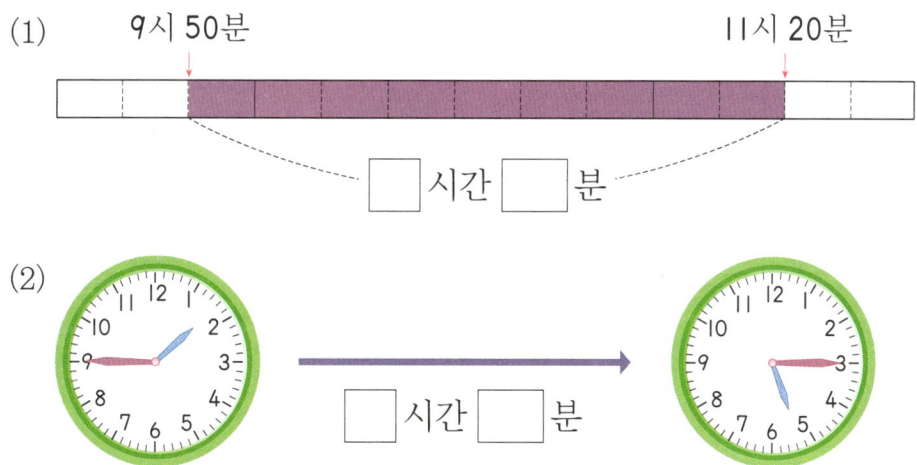

(1)　9시 50분　　　　　　　　　　　　11시 20분

□ 시간 □ 분

(2)

□ 시간 □ 분

3. 시계의 초침이 가리키는 숫자와 초를 빈칸에 알맞게 써넣으시오.

숫자	1		3		5			8		10		12
초	5	10		20		30	35		45		55	

4. 시각을 읽어 보시오.

(1)

[답] _____

(2)

[답] _____

5. 모형 시계에 초침을 그려 보시오.

(1)

[4시 35분 8초]

(2)

[9시 21분 52초]

6. □ 안에 알맞은 수를 써넣으시오.

(1) 3분 30초 = ☐ 초

(2) 7분 55초 = ☐ 초

(3) 160초 = ☐ 분 ☐ 초

(4) 505초 = ☐ 분 ☐ 초

✿ 이름 :
✿ 날짜 :
✿ 시간 : 시 분 ~ 시 분

확인

1. 그림을 보고 ☐ 안에 알맞은 수를 써넣으시오.

(1)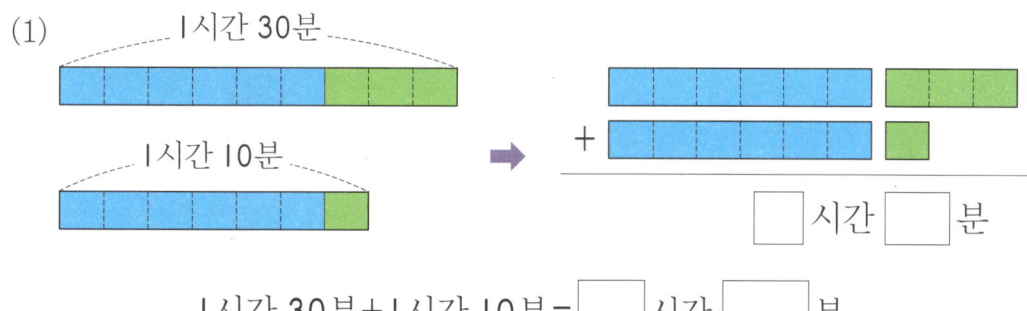

1시간 30분 + 1시간 10분 = ☐ 시간 ☐ 분

(2)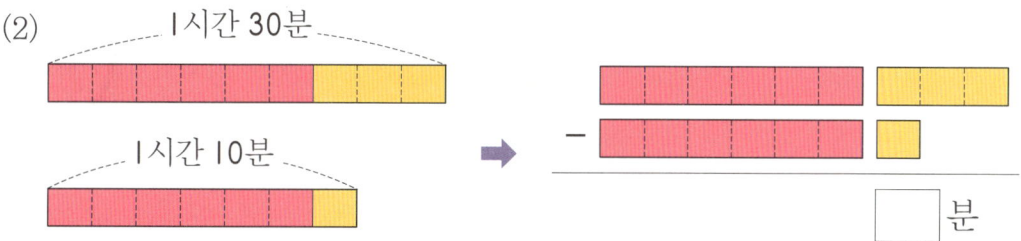

1시간 30분 − 1시간 10분 = ☐ 분

2. 계산을 하시오.

(1)　　1 시　39 분 45 초
　　+ 9 시간 35 분 55 초
　───────────────

(2)　　4 시간 34 분 39 초
　　+ 8 시간 47 분 28 초
　───────────────

(3)　　12 시　6 분 20 초
　　−　3 시 15 분 45 초
　───────────────

(4)　　11 시간 32 분 12 초
　　−　7 시간 32 분 26 초
　───────────────

3. 같은 거리를 준호가 달린 시간은 5분 10초였고, 진희가 달린 시간은 320초였습니다. 누가 더 빨리 달렸습니까?

[답]

4. 오른쪽 시각에서 초침이 6바퀴를 돌면 몇 시 몇 분 몇 초입니까?

[답]

5. 오른쪽 시각에서 5시간 15분 30초 후는 몇 시 몇 분 몇 초입니까?

[답]

6. 오른쪽 시각에서 9시간 5분 40초 전은 몇 시 몇 분 몇 초입니까?

[답]

G-163a

🫧 창의력 학습

□ 안에 알맞은 단위를 써넣으시오.

정현이가 집에서 400 □ 떨어진 은행에 갔더니 오후 2 □ 였습니다.

30 □ 동안 일을 보고 우체국으로 갔습니다. 우표 2 □ 을 사고

1000 □ 을 내었더니 거스름돈으로 320 □ 을 돌려주셨습니다. 모든 일

을 마치고 집에 돌아왔더니 오후 3 □ 20 □ 이었습니다. 어머니께서

해 주신 간식을 맛있게 먹고 1 □ 동안 책을 읽었습니다.

두 지점 사이의 시간은 관광하는 데 걸리는 시간입니다. 예를 들면 정문에서 놀이동산까지 관광하는 데에는 35분, 놀이동산에서 식물원까지 관광하는 데에는 20분이 걸립니다.

지금부터 정문에서 시작하여 다시 정문으로 오는 데 3시간 안에 관광을 마치려고 합니다. 관광 지도를 보고 관광 계획을 세워 보시오.

예 정문 ➡ 놀이동산 ➡ 식물원 ➡ 동물원 ➡ 정문

35분+20분+30분+45분=130분=2시간 10분

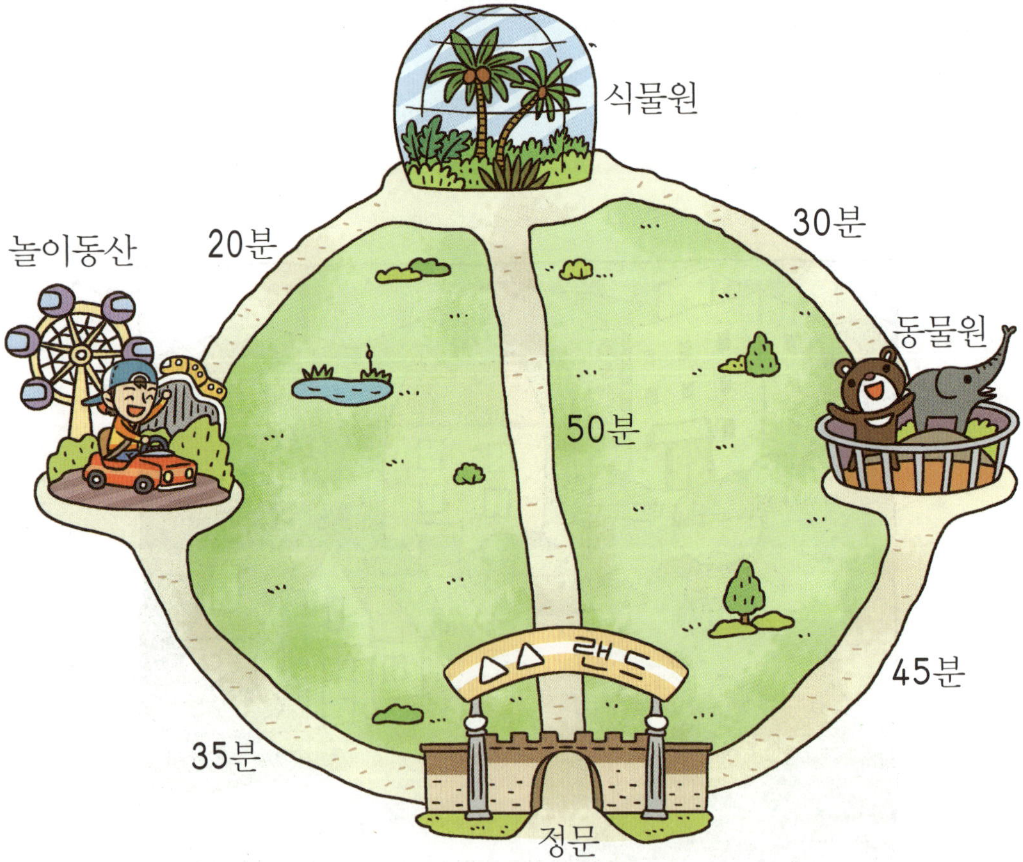

식물원

놀이동산   20분   30분

동물원

50분

45분

35분

△△랜드

정문

 창의력 학습

♣ 이름 :

♣ 날짜 :

♣ 시간 :　　시　분~　시　분

확인

✚ 경시 대회 예상 문제

1. 시각과 시간 중에서 □ 안에 알맞은 말을 써넣으시오.

> 수연이가 학교로 출발한 [　　] 은 오전 8시 20분이고 도착한
>
> [　　] 은 오전 8시 35분입니다. 수연이가 학교까지 가는 데 걸린
>
> [　　] 은 15분입니다.

2. 시계의 분침이 숫자 5에서 숫자 10까지 지나는 동안 초침은 시계를 몇 바퀴 돌겠습니까?

[답]

3. 현주네 반의 오래달리기 경기 결과입니다. 경기 결과표에 알맞게 써넣으시오.

이름	경기 기록(초)	경기 기록(분, 초)
현주	403초	
민근		6분 38초
수영		7분 9초
승주	415초	

4. □ 안에 알맞은 수를 써넣으시오.

(1) 3시간 36분 45초

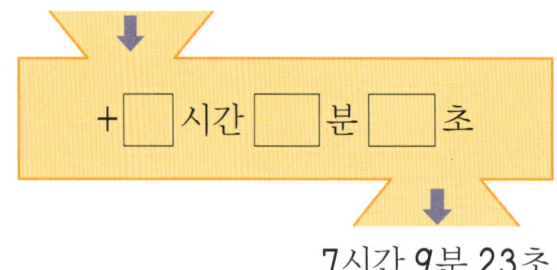

+ □시간 □분 □초

7시간 9분 23초

(2) □시간 □분 □초

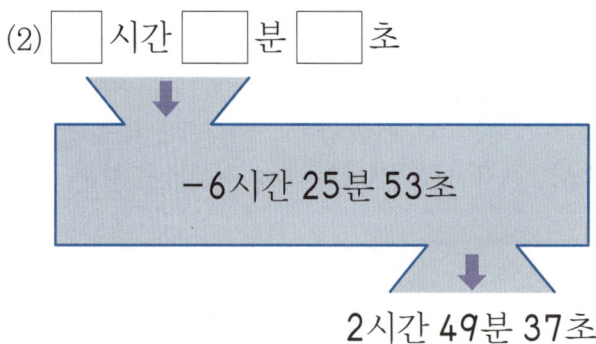

−6시간 25분 53초

2시간 49분 37초

5. □ 안에 알맞은 수를 써넣으시오.

(1)

	3 시	38 분	□ 초
+	4 시간	□ 분	25 초
	□ 시	23 분	11 초

(2)

	□ 시	25 분	17 초
−	5 시	□ 분	53 초
	3 시간	37 분	□ 초

6. □ 안에 알맞은 시각을 써넣으시오.

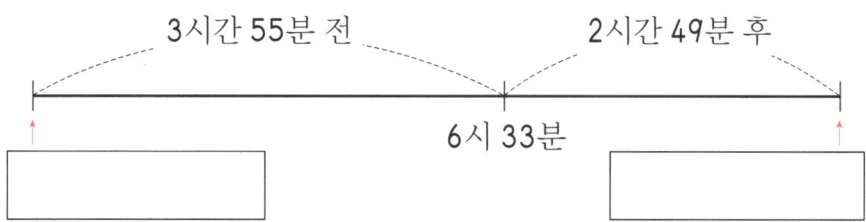

3시간 55분 전   2시간 49분 후

6시 33분

7. 연극이 7시 36분 18초에 시작하여 1시간 58분 29초 동안 진행되었습니다. 연극이 끝난 시각은 몇 시 몇 분 몇 초인지 오른쪽 시계에 바늘을 그려 넣으시오.

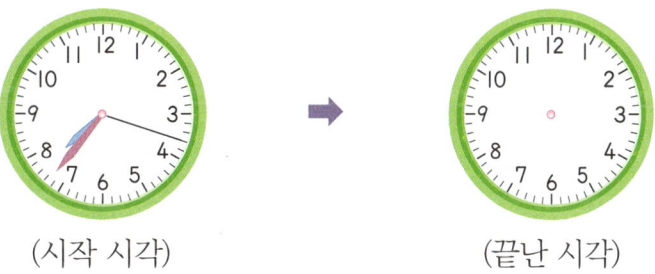

(시작 시각)   (끝난 시각)

8. 지민이는 학교에 가는 데 8분 44초가 걸립니다. 오늘 학교에 도착한 시각이 8시 45분 10초입니다. 오늘 집에서 출발한 시각은 몇 시 몇 분 몇 초인지 시계에 나타내시오.

9. 다음은 고속버스가 대전에서 출발하여 서울에 도착한 시각을 나타낸 것입니다. 이 고속버스가 달린 시간은 몇 시간 몇 분 몇 초인지 풀이 과정을 써서 구하시오.

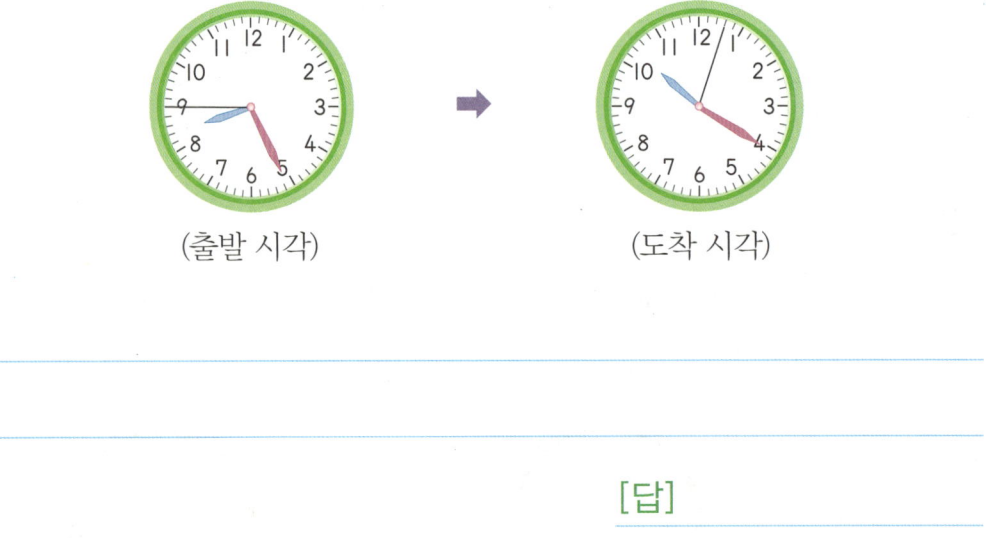

(출발 시각) ➡ (도착 시각)

_____

_____

[답] _____

10. 어느 날 낮의 길이는 13시간 32분 53초였습니다. 이 날 밤의 길이는 낮의 길이보다 몇 시간 몇 분 몇 초가 더 짧은지 풀이 과정을 써서 구하시오.

_____

_____

[답] _____

사고력도 탄탄! 창의력도 탄탄!

G3

🐜 G166a ~ G180b

학습 관리표

학습 내용		이번 주는?
확인 학습	· 한 학기 동안 학습한 10000까지의 수, 덧셈과 뺄셈, 평면도형, 나눗셈, 평면도형의 이동, 곱셈, 분수, 길이와 시간의 총정리 · 창의력 학습 · 경시 대회 예상 문제 · 종료 테스트	· 학습 방법 : ① 매일매일　② 가끔　③ 한꺼번에 　하였습니다. · 학습 태도 : ① 스스로 잘　② 시켜서 억지로 　하였습니다. · 학습 흥미 : ① 재미있게　② 싫증내며 　하였습니다. · 교재 내용 : ① 적합하다고　② 어렵다고　③ 쉽다고 　하였습니다.

지도 교사가 부모님께	부모님이 지도 교사께

평가	Ⓐ 아주 잘함	Ⓑ 잘함	Ⓒ 보통	Ⓓ 부족함

원(교)　　　　반　　이름　　　　　전화

기초부터 탄탄하게
G 기탄교육
www.gitan.co.kr / (02)586-1007(대)

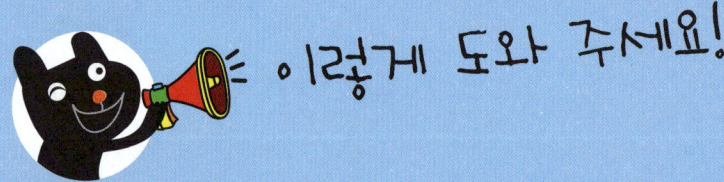

이렇게 도와 주세요!

● **학습 목표**
- 네 자리 수를 쓰고 읽을 수 있고, 대소를 비교할 수 있다.
- 세 자리 수끼리의 덧셈과 뺄셈을 할 수 있다.
- 생활 속의 예를 통하여 각과 직각을 이해하고, 직각삼각형, 직사각형, 정사각형의 뜻을 알 수 있다.
- 곱셈과 나눗셈의 관계를 알고, 곱셈을 활용하여 나눗셈의 몫을 구할 수 있다.
- 주어진 도형을 여러 방향으로 밀기, 뒤집기, 돌리기를 할 수 있다.
- (두 자리 수)×(한 자리 수)의 계산 원리를 이해하고 계산할 수 있다.
- 이산량의 분수를 이해할 수 있다.
- 1 mm와 1 km의 단위를 알고 길이의 합과 차를 구할 수 있다.
- 시각과 시간의 개념을 이해하고, 시간의 합과 차를 구할 수 있다.

● **지도 내용**
- 몇천의 개념을 알고 네 자리 수를 쓰고 읽을 수 있도록 한다.
- 세 자리 수의 덧셈, 뺄셈을 여러 가지 방법으로 계산해 본다.
- 각과 직각을 찾아보고 직각삼각형, 직사각형, 정사각형을 구분해 본다.
- 나눗셈의 몫을 구하는 방법을 이해하고, 여러 가지 문제를 해결해 본다.
- 주어진 도형을 여러 방향으로 밀기, 뒤집기, 돌리기를 해 본다.
- (두 자리 수)×(한 자리 수)의 계산 원리를 이해하고 계산해 본다.
- 이산량의 분수를 이해하고, 진분수와 단위분수의 크기를 비교해 본다.
- 길이와 시간의 덧셈, 뺄셈을 해 본다.

● **지도 요점**
앞에서 학습한 10000까지의 수, 덧셈과 뺄셈, 평면도형, 나눗셈, 평면도형의 이동, 곱셈, 분수, 길이와 시간을 총정리하는 주입니다.
여러 유형의 문제를 접해 보게 함으로써 아이가 학습한 지식을 응용할 수 있도록 지도해 주십시오. 그리고 종료 테스트를 이용하여 주어진 시간 내에 모든 문제를 푸는 연습을 하도록 지도해 주십시오.

G-166a

★ 이름 :

★ 날짜 :

★ 시간 :   시   분 ~   시   분

확인

1. ☐ 안에 알맞은 수를 써넣으시오.

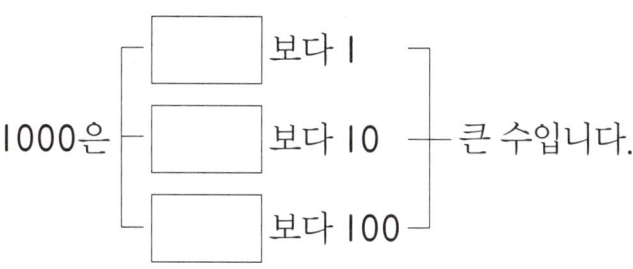

2. 수를 쓰고 읽어 보시오.

(1) 1000이 7개인 수

[쓰기] _____ , [읽기] _____

(2) 1000이 5개, 100이 1개, 10이 0개, 1이 7개인 수

[쓰기] _____ , [읽기] _____

3. 4063의 각 숫자와 자릿값을 생각하며 빈칸에 알맞은 수를 써넣으시오.

	천의 자리	백의 자리	십의 자리	일의 자리
숫자	4			
수	4000			

4. 뛰어 세는 규칙에 맞게 □ 안에 알맞은 수를 써넣으시오.

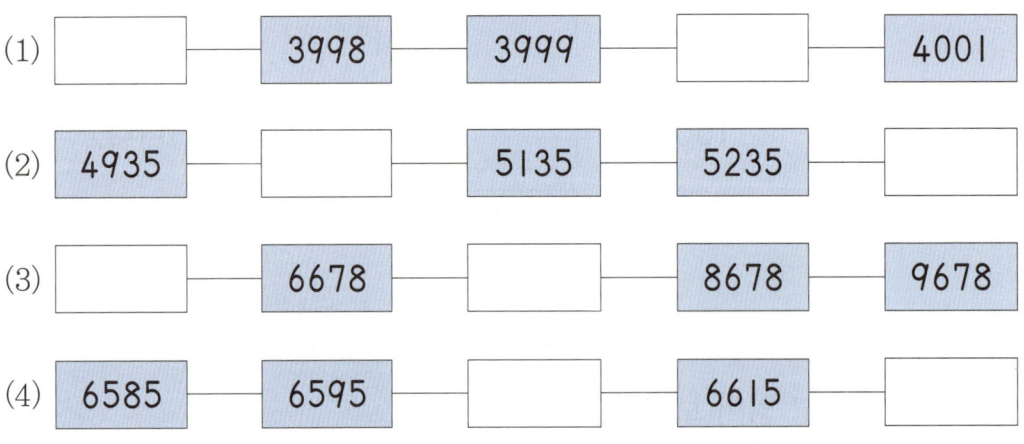

(1) [   ] — 3998 — 3999 — [   ] — 4001

(2) 4935 — [   ] — 5135 — 5235 — [   ]

(3) [   ] — 6678 — [   ] — 8678 — 9678

(4) 6585 — 6595 — [   ] — 6615 — [   ]

5. 두 수의 크기를 비교하여 ○ 안에 >, <를 알맞게 써넣으시오.

(1) 5439 ◯ 5445

(2) 6836 ◯ 6098

(3) 2675 ◯ 4006

(4) 7344 ◯ 7340

6. 0부터 9까지의 숫자 중에서 □ 안에 들어갈 수 있는 숫자를 모두 쓰시오.

234□ > 2345

[답]

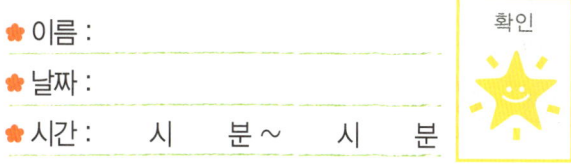

1. 공장에서 초콜릿을 한 상자에 100개씩 30상자를 만들었습니다. 이 공장에서 만든 초콜릿은 모두 몇 개입니까?

[답]

2. 어머니는 과일 가게에서 수박을 사면서 천 원짜리 지폐 7장, 백 원짜리 동전 5개, 십 원짜리 동전 5개를 냈습니다. 어머니께서 과일 가게에서 산 수박은 얼마입니까?

[답]

3. 저금통에 3400원이 들어 있습니다. 매일 300원씩 일주일 동안 저금한다면 모두 얼마가 되겠습니까?

[답]

4. ㉠에 들어갈 알맞은 수를 쓰고 읽어 보시오.

| 9997 | — | 9998 | — | 9999 | — | ㉠ |

[쓰기] _____ , [읽기] _____

 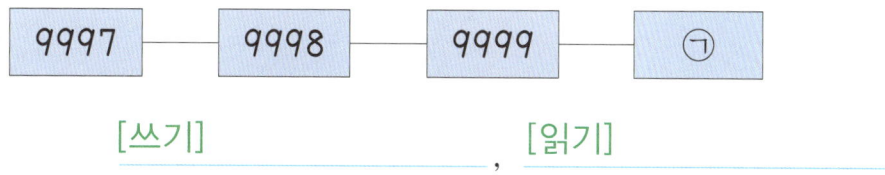

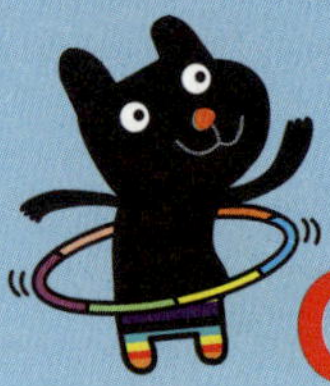

G-167b

다음 계산을 하시오.(5~14)

5. $\begin{array}{r} 746 \\ +\ 295 \\ \hline \end{array}$

6. $\begin{array}{r} 833 \\ -\ 287 \\ \hline \end{array}$

7. $\begin{array}{r} 943 \\ +\ 589 \\ \hline \end{array}$

8. $\begin{array}{r} 792 \\ -\ 649 \\ \hline \end{array}$

9. $\begin{array}{r} 695 \\ +\ 484 \\ \hline \end{array}$

10. $\begin{array}{r} 641 \\ -\ 356 \\ \hline \end{array}$

11. $649+659=$

12. $512-193=$

13. $388+876=$

14. $926-279=$

★ 이름 :

★ 날짜 :

★ 시간 : 시 분 ~ 시 분

확인

1. □ 안에 알맞은 수를 써넣으시오.

(1) 278 + □ = 714

(2) □ − 347 = 358

(3)
```
    8 8 □
+   6 □ 5
─────────
  1 □ 3 2
```

(4)
```
    6 □ 3
−   1 7 □
─────────
    □ 9 7
```

2. [보기]와 같은 방법으로 계산하여 보시오.

(1)

보기

```
    446  +  677
    440+6  +670+7
    1110
         13
       1123
```

585 + 949

(2)

보기

```
    684  −  297
  (684+3)−(297+3)
    687  −  300
         387
```

790 − 493

3. 민희네 학교 학생들이 뮤지컬을 관람하였습니다. 남학생 **569**명, 여학생 **632**명이 관람하였다면 뮤지컬을 관람한 학생은 모두 몇 명입니까?

[식]   [답]

4. 책사랑 선생님은 이동문고 차에 책 **720**권을 실었습니다. 진호네 마을에 가서 **148**권을 빌려 주었습니다. 이동문고 차에 남은 책은 몇 권입니까?

[식]   [답]

5. **3**, **2**, **9**, **5** 4장의 숫자 카드 중에서 3장을 뽑아 세 자리 수를 만들 때, 만들 수 있는 가장 큰 수와 가장 작은 수의 합과 차를 각각 구하시오.

[답] 합 :   , 차 :

6. 어떤 수에 **375**를 더해야 할 것을 잘못하여 **357**을 더하였더니 **735**가 되었습니다. 바르게 계산하면 얼마입니까?

[답]

확인 학습

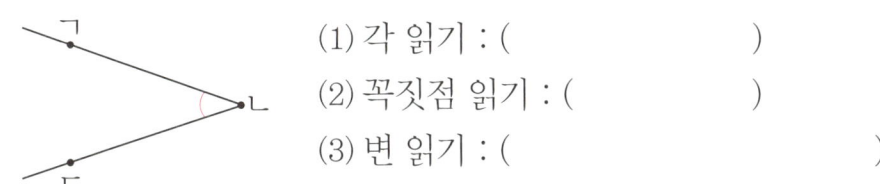

1. 그림을 보고 ( ) 안에 알맞게 써 보시오.

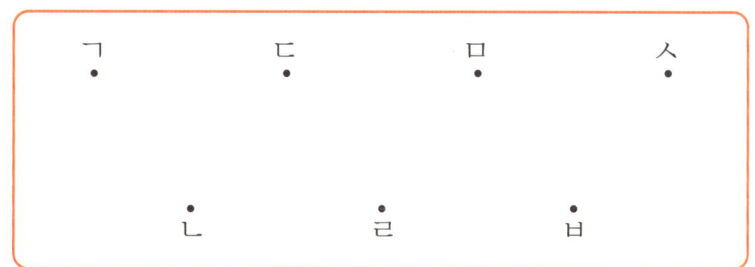

(1) 각 읽기 : (   )

(2) 꼭짓점 읽기 : (   )

(3) 변 읽기 : (   )

2. 각 ㄴㄷㄹ과 각 ㅂㅁㅅ을 각각 그리시오.

```
   ㄱ          ㄷ          ㅁ          ㅅ
   ·          ·          ·          ·



        ㄴ          ㄹ          ㅂ
        ·          ·          ·
```

3. 그림에서 직각을 모두 찾아 └ 으로 표시하고 몇 개인지 구하시오.

(1)

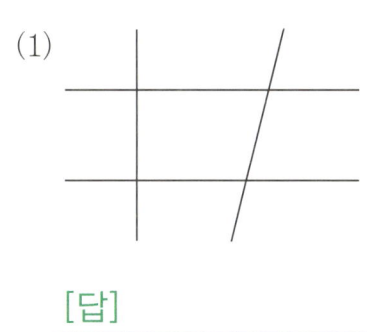

[답]

(2)

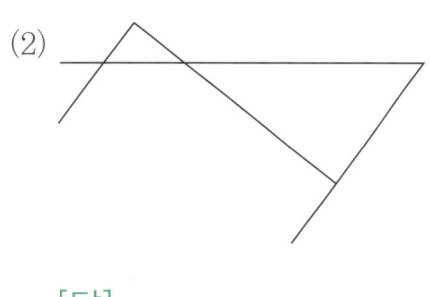

[답]

확인 학습

👻 다음 그림을 보고 물음에 답하시오.(4~7)

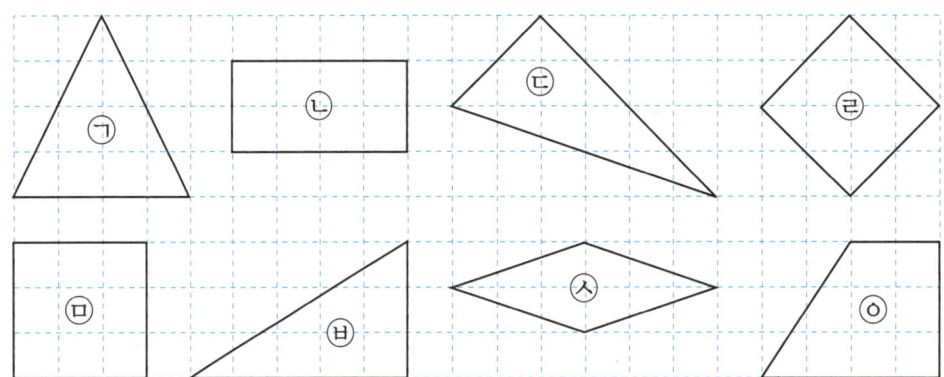

4. 직각삼각형을 모두 찾아 기호를 쓰시오.

[답]

5. 직사각형을 모두 찾아 기호를 쓰시오.

[답]

6. 정사각형을 모두 찾아 기호를 쓰시오.

[답]

7. 도형 ㉅이 정사각형이 아닌 이유를 써 보시오.

[답]

 확인 학습

🌸 이름 :

🌸 날짜 :

🌸 시간 :　　시　　분 ~ 　 시 　 분

확인

1. 왼쪽 그림에서 크고 작은 직각삼각형은 모두 몇 개인지 구하시오.

[답]

2. 왼쪽 그림에서 크고 작은 직사각형은 모두 몇 개인지 구하시오.

[답]

3. 왼쪽 그림에서 크고 작은 정사각형은 모두 몇 개인지 구하시오.

[답]

4. 가로의 길이가 10 cm, 세로의 길이가 6 cm인 직사각형이 있습니다. 이 직사각형과 네 변의 길이의 합이 같은 정사각형의 한 변의 길이는 몇 cm 입니까?

[답]

다음 나눗셈의 몫을 구하시오.(5~14)

5. $16 \div 2 =$

6. $30 \div 5 =$

7. $28 \div 7 =$

8. $18 \div 9 =$

9. $54 \div 6 =$

10. $21 \div 3 =$

11. $9 \overline{)27}$

12. $7 \overline{)56}$

13. $4 \overline{)36}$

14. $8 \overline{)40}$

확인 학습

★ 이름 :

★ 날짜 :

★ 시간 :　　시　　분 ~　　시　　분

확인

1. 몫의 크기를 비교하여 ○ 안에 >, =, <를 알맞게 써넣으시오.

(1) $18 \div 2$ ◯ $64 \div 8$　　　　(2) $16 \div 4$ ◯ $35 \div 5$

(3) $7 \overline{)42}$ ◯ $3 \overline{)18}$　　　　(4) $9 \overline{)36}$ ◯ $6 \overline{)18}$

2. □ 안에 들어갈 수가 큰 것부터 차례로 기호를 쓰시오.

> ㉠ $21 \div 7 = \square$　　　㉡ $54 \div \square = 6$
>
> ㉢ $\square \div 2 = 2$　　　㉣ $42 \div 6 = \square$

[답]

3. 나눗셈식의 □ 안에 공통으로 들어갈 숫자를 구하시오.

> $3\square \div 6 = \square$

[답]

4. ●에 알맞은 수를 구하시오.

> $20 \div \blacksquare = 4$　　　$45 \div ● = \blacksquare$

[답]

5. 은수네 반 학생들이 한 칸에 4명씩 탈 수 있는 놀이기구를 타려고 합니다. 은수네 반 학생이 28명이라면 모두 몇 칸에 타게 됩니까?

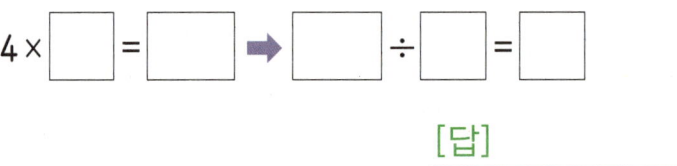

$$4 \times \boxed{} = \boxed{} \Rightarrow \boxed{} \div \boxed{} = \boxed{}$$

[답] _____

6. 길이가 30 cm인 막대를 6도막으로 똑같게 자르려고 합니다. 한 도막이 몇 cm가 되도록 잘라야 합니까?

[식] _____ [답] _____

7. 보라는 5분 동안 종이학을 10개 접습니다. 같은 빠르기로 7분 동안 접는다면 종이학을 모두 몇 개 접을 수 있습니까?

[답] _____

8. 어떤 수를 8로 나누어야 할 것을 잘못하여 4로 나누었더니 몫이 6이 되었습니다. 바르게 계산하면 얼마입니까?

[답] _____

G-172a

*★ 이름 :

★ 날짜 :

★ 시간 : 시 분 ~ 시 분*

🐸 왼쪽 도형을 오른쪽으로, 오른쪽 도형을 왼쪽으로 밀었을 때 생기는 모양을 그려 보시오.(1~2)

1.

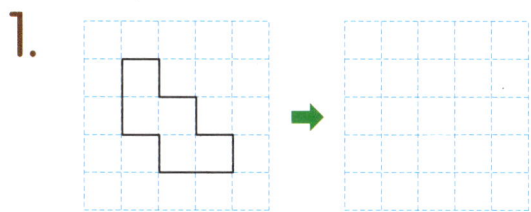

2.

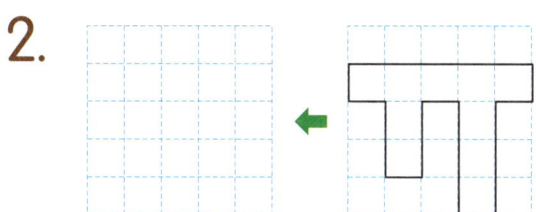

🐸 위쪽 도형을 아래쪽으로, 아래쪽 도형을 위쪽으로 뒤집었을 때 생기는 모양을 그려 보시오.(3~4)

3.

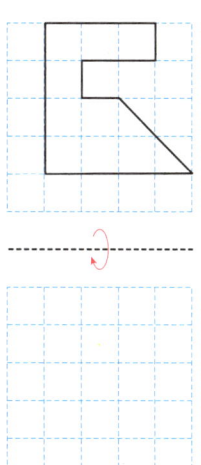

4.

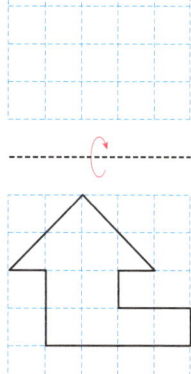

확인 학습

👻 왼쪽 도형을 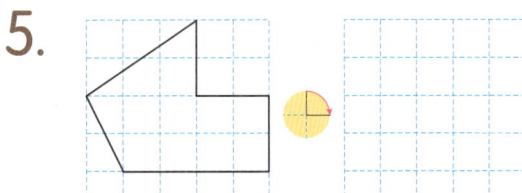 방향으로, 오른쪽 도형을 🔄 방향으로 돌렸을 때 생기는 모양을 그려 보시오.(5~6)

5.

6.

👻 왼쪽 도형을 오른쪽으로 뒤집은 후 🔄 , 🔄 방향으로 돌렸을 때 생기는 모양을 각각 그려 보시오.(7~8)

7.

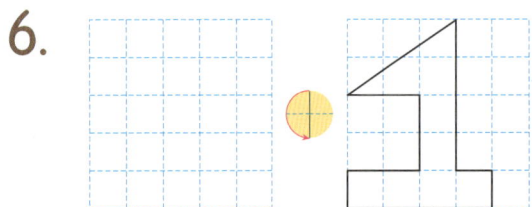

8.

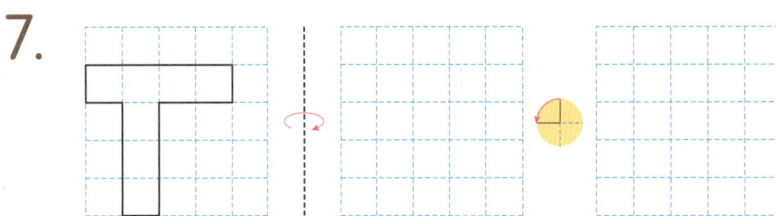

1. 왼쪽 도형을 돌려서 오른쪽 모양이 되는 방법은 **2**가지입니다. 어떻게 돌렸는지 ⊕ 위에 나타내시오.

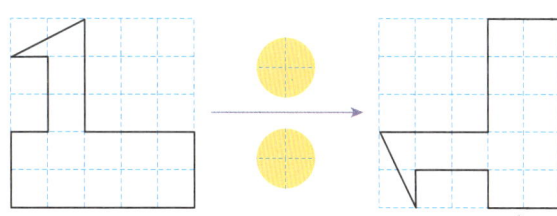

2. 왼쪽 도형을 오른쪽으로 뒤집고 다시 ⟳ 방향으로 돌렸더니 오른쪽 그림과 같았습니다. 가운데 모양과 왼쪽 모양을 각각 그려 보시오.

3. 도형을 어떤 규칙에 따라 돌리기 한 것입니다. 네 번째에 알맞은 모양을 그려 보시오.

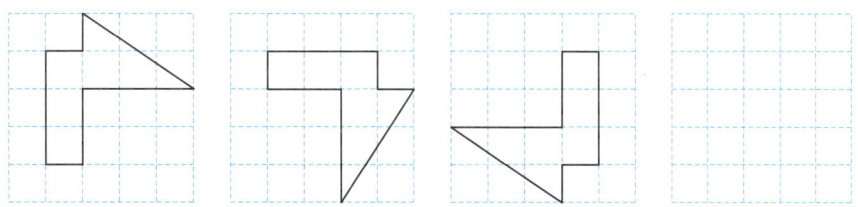

확인 학습

🐾 다음 곱셈을 하시오.(4~13)

4.
$$\begin{array}{r} 70 \\ \times\ \ 8 \\ \hline \end{array}$$

5.
$$\begin{array}{r} 34 \\ \times\ \ 2 \\ \hline \end{array}$$

6.
$$\begin{array}{r} 81 \\ \times\ \ 3 \\ \hline \end{array}$$

7.
$$\begin{array}{r} 15 \\ \times\ \ 5 \\ \hline \end{array}$$

8.
$$\begin{array}{r} 58 \\ \times\ \ 2 \\ \hline \end{array}$$

9.
$$\begin{array}{r} 29 \\ \times\ \ 6 \\ \hline \end{array}$$

10. $53 \times 2 =$

11. $27 \times 3 =$

12. $66 \times 4 =$

13. $84 \times 7 =$

확인 학습

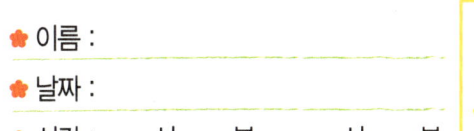

1. 계산한 값이 큰 것부터 차례로 기호를 쓰시오.

> ㉠ 20×2   ㉡ 21씩 5묶음
>
> ㉢ 24와 4의 곱   ㉣ 13의 3배

[답]

2. 빈 곳에 알맞은 수를 써넣으시오.

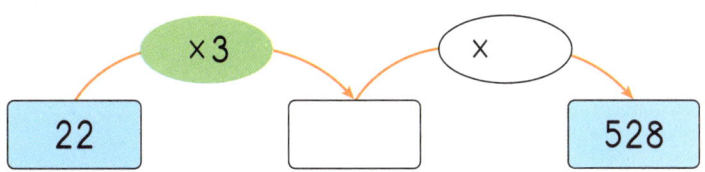

3. 곱을 300에 가장 가깝게 만들려고 합니다. □ 안에 알맞은 수를 써넣으시오.

$$71 \times \boxed{} = \boxed{}$$

4. 1부터 9까지의 수 중에서 □ 안에 들어갈 수 있는 수를 모두 구하시오.

> $42 \times \boxed{} > 53 \times 5$

[답]

5. 은영이네 학교 3학년에는 6개 반이 있습니다. 각 반의 학생 수는 모두 30명입니다. 은영이네 학교의 3학년 학생 수는 모두 몇 명입니까?

[식] _____ [답] _____

6. 명희는 사탕을 15개 가지고 있습니다. 언니가 가진 사탕 수는 명희가 가진 사탕 수의 3배보다 5개 더 적습니다. 언니가 가진 사탕은 몇 개입니까?

[답] _____

7. 긴 의자가 20개 있습니다. 한 의자에 5명씩 앉았더니 마지막 의자에는 3명만 앉았습니다. 앉아 있는 사람은 모두 몇 명입니까?

[답] _____

8. 어떤 수에 7을 곱해야 할 것을 잘못하여 나누었더니 몫이 8이 되었습니다. 바르게 계산하면 얼마입니까?

[답] _____

✿ 이름 :

✿ 날짜 :

✿ 시간 :　시　분～　시　분

확인

1. 18의 $\frac{5}{9}$ 만큼 색칠하고 얼마인지 알아보시오.

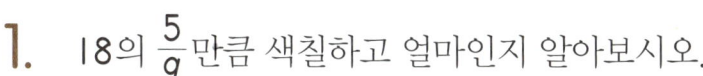

[답]

2. □ 안에 알맞은 수를 써넣으시오.

(1) 25의 $\frac{3}{5}$ 은 □

(2) 56의 $\frac{5}{8}$ 는 □

3. 그림을 2개씩 묶고 □ 안에 알맞은 수를 써넣으시오.

2는 16의 $\frac{□}{□}$　　　　4는 16의 $\frac{□}{□}$　　　　10은 16의 $\frac{□}{□}$

4. □ 안에 알맞은 수를 써넣으시오.

(1) 5는 35의 $\frac{□}{□}$

(2) 15는 18의 $\frac{□}{□}$

확인 학습

5. 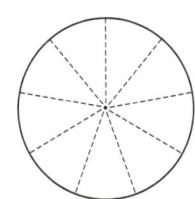 $\dfrac{3}{9}$만큼 색칠하고 $\dfrac{3}{9}$은 $\dfrac{1}{9}$이 몇 개인지 쓰시오.

[답] _____

6. ☐ 안에 알맞은 수를 써넣으시오.

(1) $\dfrac{2}{7}$는 $\dfrac{1}{7}$이 ☐ 개

(2) $\dfrac{5}{10}$는 $\dfrac{1}{\boxed{}}$이 5개

7. 그림에 분수만큼 색칠하고 ◯ 안에 ＞, ＜를 알맞게 써넣으시오.

(1)  $\dfrac{3}{6}$ ◯ $\dfrac{5}{6}$

(2) $\dfrac{1}{3}$ ◯ $\dfrac{1}{5}$

8. 두 분수의 크기를 비교하여 ◯ 안에 ＞, ＜를 알맞게 써넣으시오.

(1) $\dfrac{1}{5}$ ◯ $\dfrac{2}{5}$

(2) $\dfrac{5}{9}$ ◯ $\dfrac{3}{9}$

(3) $\dfrac{1}{4}$ ◯ $\dfrac{1}{9}$

(4) $\dfrac{1}{8}$ ◯ $\dfrac{1}{6}$

확인 학습

★이름 :

★날짜 :

★시간 : 시 분 ~ 시 분

확인

1. 바구니에 귤이 28개 있습니다. 그중에서 승미가 $\frac{2}{7}$를 먹었습니다. 승미가 먹은 귤은 몇 개입니까?

[답]

2. 연필 한 타는 12자루입니다. 정아는 한 타의 연필을 2자루씩 묶었습니다. 그중에서 4묶음을 동생에게 주었습니다. 동생에게 준 연필은 얼마인지 분수로 나타내시오.

[답]

3. 파란 공과 빨간 공이 있습니다. 전체 공의 $\frac{1}{12}$이 파란 공이면 빨간 공은 파란 공의 몇 배입니까?

[답]

4. 크기가 같은 컵에 난희는 콜라를 가득 따라 $\frac{2}{6}$만큼 마셨고, 유미는 사이다를 가득 따라 $\frac{4}{6}$만큼 마셨습니다. 컵에 남아 있는 음료수는 누구의 것이 더 많습니까?

[답]

확인 학습

5. 색 테이프의 길이는 몇 cm 몇 mm인지 자로 재어 보시오.

[답] _____

6. ☐ 안에 알맞은 수를 써넣으시오.

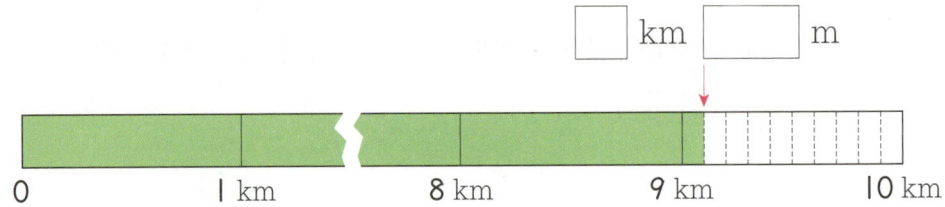

☐ km ☐ m

0   1 km   8 km   9 km   10 km

7.    시각을 읽어 보시오.

[답] _____

8.    왼쪽 시계가 나타내는 시각이 3시 27분 46초가 되도록 초침을 그려 보시오.

확인

G-177a

* 이름 :
* 날짜 :
* 시간 :   시   분~   시   분

🐸 다음 계산을 하시오.(1~8)

1.
```
    5 cm  4 mm
+   4 cm  9 mm
```

2.
```
   16 cm  2 mm
-   6 cm  8 mm
```

3.
```
    3 km  850 m
+   8 km  310 m
```

4.
```
   15 km   90 m
-   7 km  470 m
```

5.
```
    3 시   31 분
+   6 시간 58 분
```

6.
```
   10시   44 분
-   1시간 50 분
```

7.
```
    5 시간 48 분 40 초
+   7 시간 21 분 50 초
```

8.
```
   15 시간 11 분 20 초
-   8 시간 55 분 35 초
```

확인 학습

👻 다음은 성현이네 가족이 지난 일요일에 등산을 한 거리와 시각을 나타낸 것입니다. 물음에 답하시오.(9~11)

7 km 600 m

6 km 800 m

9. 올라간 거리는 내려온 거리보다 얼마나 더 멉니까?

[답]

10. 등산한 거리는 모두 몇 km 몇 m입니까?

[답]

11. 올라갈 때 걸린 시간을 구하시오.

[답]

 확인 학습

✿ 이름 :

✿ 날짜 :

✿ 시간 :　　　시　　　분 ~　　　시　　　분

확인

🌐 창의력 학습

아래 그림 어딘가에 [보기]의 그림들이 숨어 있습니다. 어디에 있는지 찾아보시오.

보기

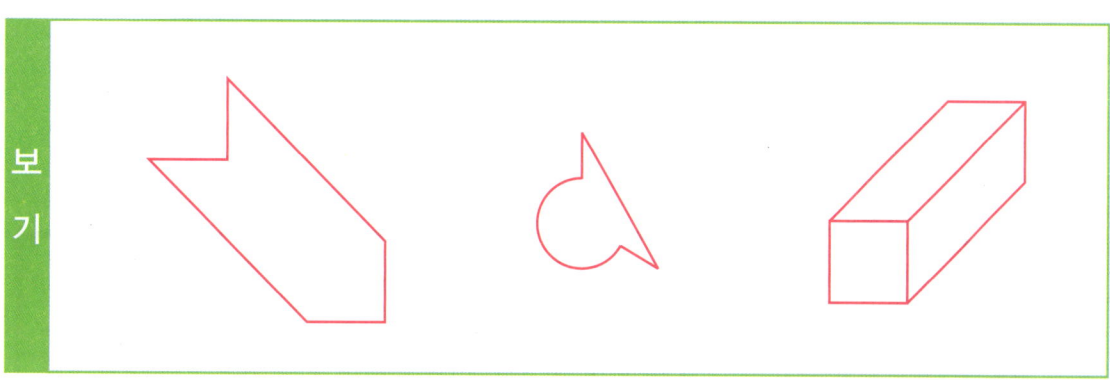

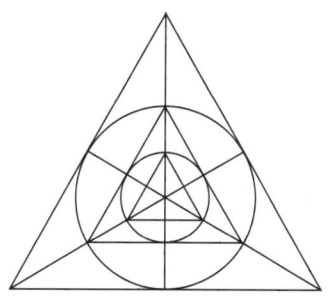

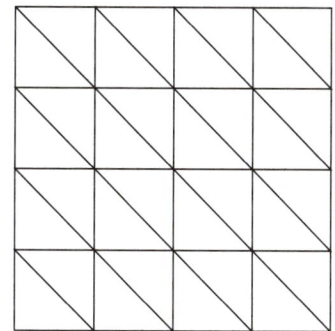
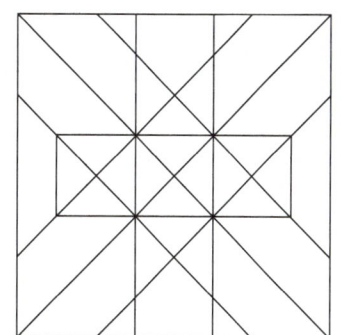

열여섯 개의 바둑돌을 바둑판의 선을 따라 늘어놓아 가장 큰 정사각형 모양을 만들려고 합니다. 한 변에 놓이는 바둑돌은 몇 개입니까?

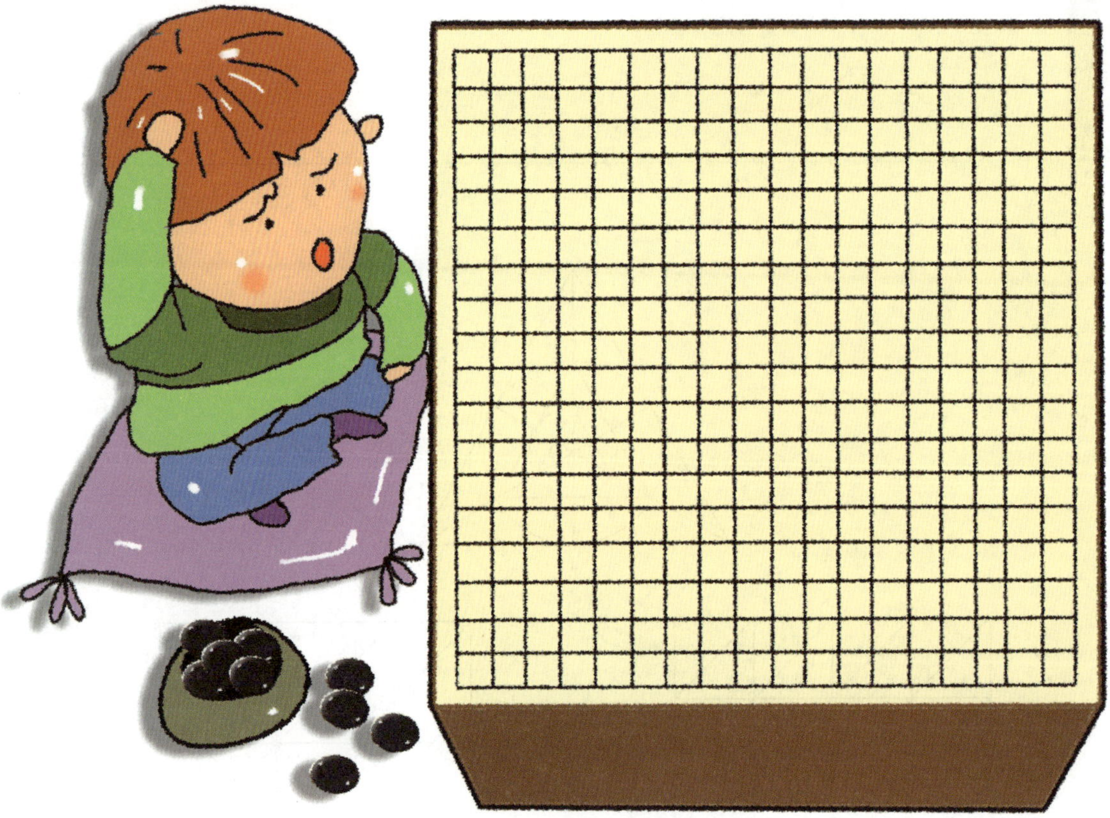

★ 이름 :

★ 날짜 :

★ 시간 :　시　분 ~ 시　분

확인

➕ 경시 대회 예상 문제

1. 1000이 4개, 100이 12개, 10이 25개, 1이 36개인 수에서 백의 자리 숫자를 쓰시오.

[답]

2. 3462와 3490 사이의 수 중에서 일의 자리 숫자가 5인 네 자리 수는 모두 몇 개인지 풀이 과정을 써서 구하시오.

[답]

3. 다음 조건을 만족하는 세 자리 수를 모두 찾았을 때, 찾은 세 자리 수들의 합을 구하시오.

- 일의 자리 숫자는 9입니다.
- 십의 자리 숫자는 0이 아닙니다.
- 백의 자리 숫자는 십의 자리 숫자의 3배입니다.

[답]

4. ★과 ♣에 들어갈 수의 합과 차를 각각 구하시오.

$$★ - 478 = 269$$
$$131 + ♣ = 500$$

[답] 합 :   , 차 :

서술형·논술형

5. 한 변의 길이가 10 cm인 정사각형과 네 변의 길이의 합이 같은 직사각형이 있습니다. 이 직사각형의 가로의 길이가 9 cm일 때, 세로의 길이는 몇 cm인지 풀이 과정을 써서 구하시오.

[답]

6. 민희와 성찬이가 달리기 시합을 합니다. 1초에 민희는 5 m를 달리고, 성찬이는 6 m를 달립니다. 민희와 성찬이가 출발점에서 같은 방향으로 동시에 출발하여 민희가 35 m를 달렸을 때, 성찬이는 민희의 몇 m 앞에서 달리고 있습니까?

[답]

7. 왼쪽 도형을 뒤집기와 돌리기를 몇 번 하였더니 오른쪽 도형이 되었습니다. 뒤집기와 돌리기를 어떻게 하였는지 서로 다른 **2**가지 방법으로 설명하시오.

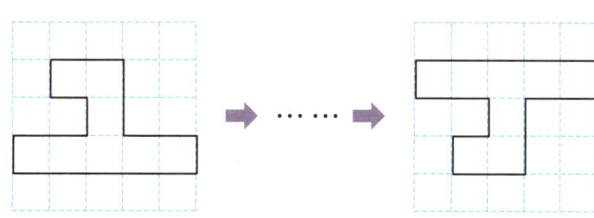

- _____

- _____

8. 곱셈식에서 ㉮는 한 자리 수일 때, ㉮에 알맞은 수를 구하시오.

$$㉮ \times ㉮ \times ㉮ = 512$$

[답] _____

9. □ 안에 알맞은 수를 써넣으시오.

(1)
```
    □ 4
  ×   □
  ─────
    9 8
```

(2)
```
    □ □
  ×   4
  ─────
  2 1 6
```

서술형·논술형

10. 하늘, 보라, 은서는 모양과 크기가 같은 빵을 각각 한 개씩 가지고 있습니다. 가지고 있는 빵을 하늘이는 $\frac{1}{5}$, 보라는 $\frac{1}{6}$, 은서는 $\frac{3}{5}$ 만큼 먹었습니다. 누가 빵을 가장 많이 먹었는지 풀이 과정을 써서 구하시오.

[답]

11. 은희네 집에서 놀이터까지 가는 데 문구점과 서점 중 어디를 거쳐 가는 것이 몇 m 더 가까운지 알아보시오.

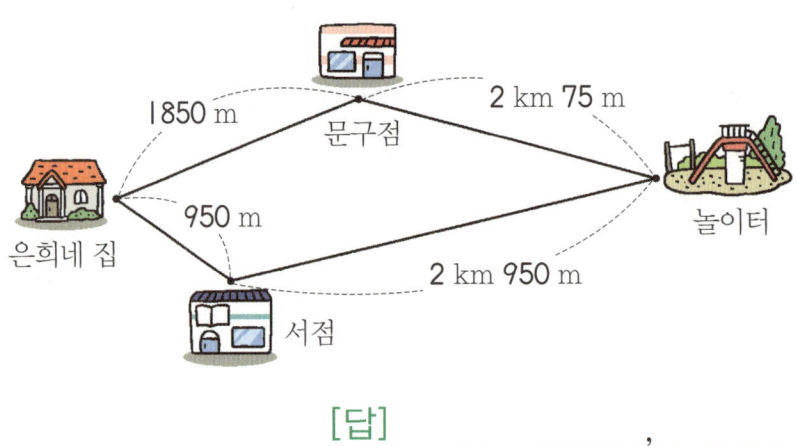

[답]   ,

12. 시연이네 학교는 9시에 1교시 수업을 시작해서 40분 동안 수업을 하고 10분을 쉽니다. 4교시 수업이 시작하는 시각을 구하시오.

[답]

경시 대회 예상 문제

1. 수 `7395` 를 보고 ☐ 안에 알맞은 수나 말을 써넣으시오.

(1) 천의 자리 숫자 ☐ 은 ☐ 을 나타냅니다.

(2) ☐ 의 자리 숫자 **9**는 ☐ 을 나타냅니다.

2. ☐ 안에 알맞은 수를 써넣으시오.

> 2, 5, 0, 8의 숫자를 한 번씩만 써서 네 자리 수를 만들 때, 가장
> 큰 수는 ☐ 이고, 가장 작은 수는 ☐ 입니다.

3. 서울에서 출발한 열차에 **563**명이 타고 있었습니다. 대전역에서 **274**명이
내렸다면, 지금 열차에 타고 있는 사람은 몇 명입니까?

[식]   [답]

4. 어떤 수에서 **354**를 뺐더니 **547**이 되었습니다. 어떤 수는 얼마입니까?

[답]

5. 직각삼각형을 모두 찾아 기호를 쓰시오.

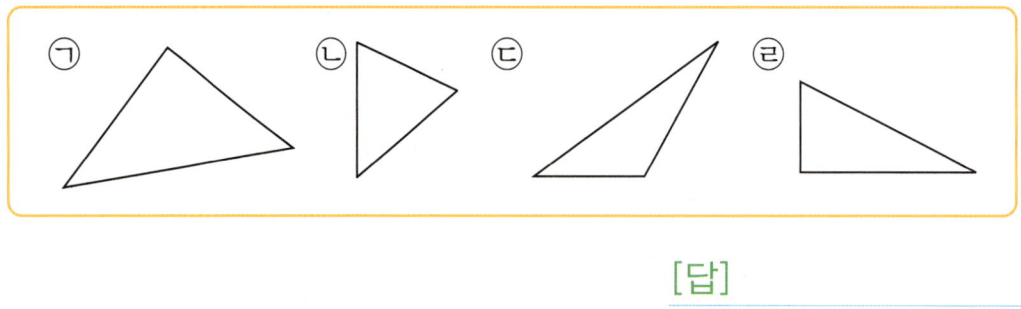

[답]

6. 그림을 보고 물음에 답하시오.

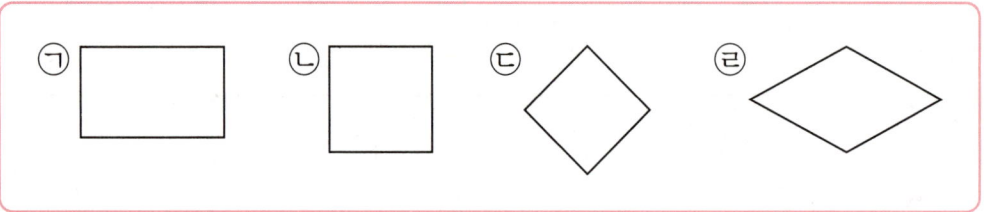

(1) 직사각형을 모두 찾아 기호를 쓰시오.

[답]

(2) 정사각형을 모두 찾아 기호를 쓰시오.

[답]

7. 그림에서 크고 작은 직각삼각형은 모두 몇 개입니까?

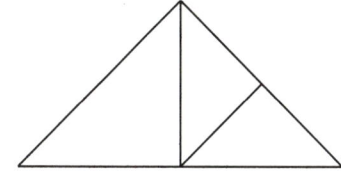

[답] _____

8. □ 안에 알맞은 수를 써넣으시오.

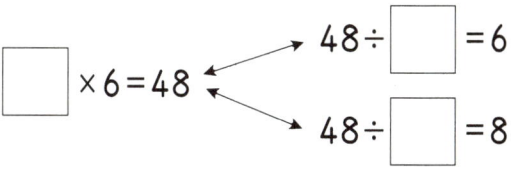

9. 빈칸에 알맞은 수를 써넣으시오.

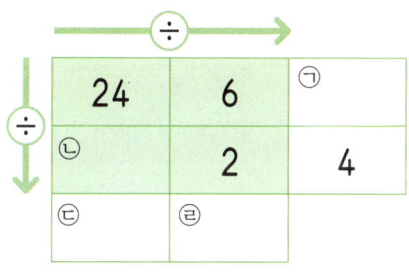

10. 규칙에 따라 수가 놓여 있습니다. 규칙을 찾아 빈 곳에 알맞은 수를 써넣으시오.

36 —— 6   12 —— 2

24 —— 4   ☐ —— 8

11. 왼쪽 도형을 오른쪽으로 뒤집은 후  방향으로 돌렸을 때 생기는 모양을 각각 그려 보시오.

12. 왼쪽 도형을 오른쪽으로 뒤집고 다시  방향으로 돌렸더니 오른쪽 그림과 같았습니다. 가운데 모양과 왼쪽 모양을 각각 그려 보시오.

13. □ 안에 들어갈 수 있는 수를 모두 구하시오.

$$34 \times 4 > 28 \times \square$$

[답]

14. 경희네 집에는 돼지 16마리, 닭 14마리가 있습니다. 돼지와 닭의 다리는 모두 몇 개입니까?

[답]

15. 가장 큰 수를 찾아 기호를 쓰시오.

㉠ 21의 $\dfrac{2}{3}$ ㉡ 36의 $\dfrac{1}{4}$

㉢ 35의 $\dfrac{2}{7}$ ㉣ 18의 $\dfrac{6}{9}$

[답] _____

16. ㉠과 ㉡에 알맞은 수를 각각 구하시오.

21은 35의 $\dfrac{㉠}{5}$이고, 15는 27의 $\dfrac{㉡}{9}$입니다.

[답] ㉠ : _____ , ㉡ : _____

17. 두 개의 테이프를 겹쳐 붙였습니다. 두 테이프를 붙인 후의 길이는 몇 cm 몇 mm입니까?

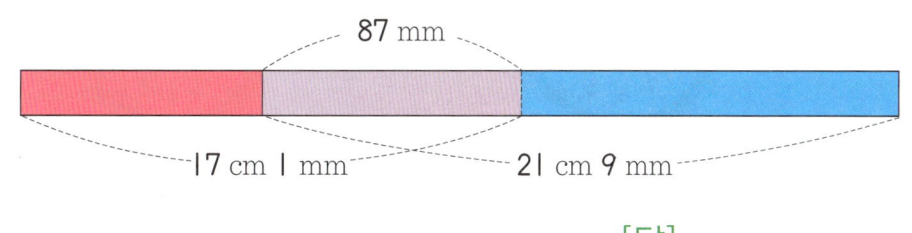

87 mm

17 cm 1 mm   21 cm 9 mm

[답] _____

18. 수연이는 집에서 1 km 100 m 떨어져 있는 학교를 향해 455 m를 갔다가, 집에 놓고 온 준비물을 가지러 왔던 길을 되돌아갔다가 다시 학교에 갔습니다. 수연이는 모두 몇 km 몇 m를 걸었습니까?

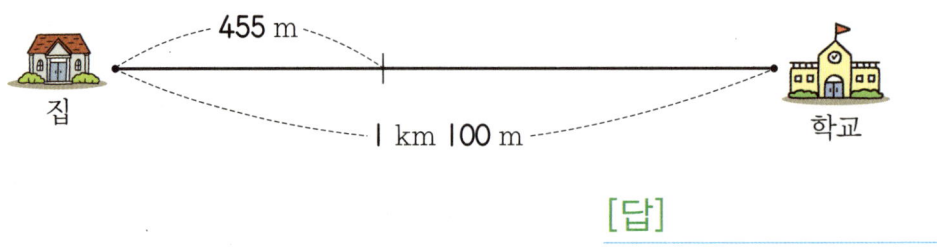

[답] _____

19. 오른쪽 시계는 희숙이가 외할머니 댁에 가려고 지하철을 탔을 때의 시각입니다. 35분 후에 지하철에서 내렸다면, 지하철에서 내린 시각은 몇 시 몇 분입니까?

[답] _____

20. 다음은 공부를 시작한 시각과 끝낸 시각입니다. 공부를 한 시간을 구하시오.

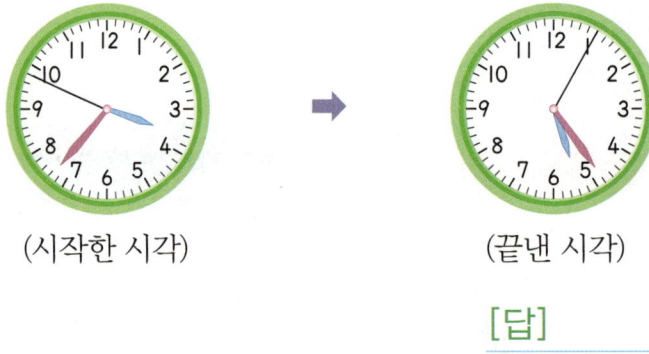

(시작한 시각)   (끝낸 시각)

[답] _____

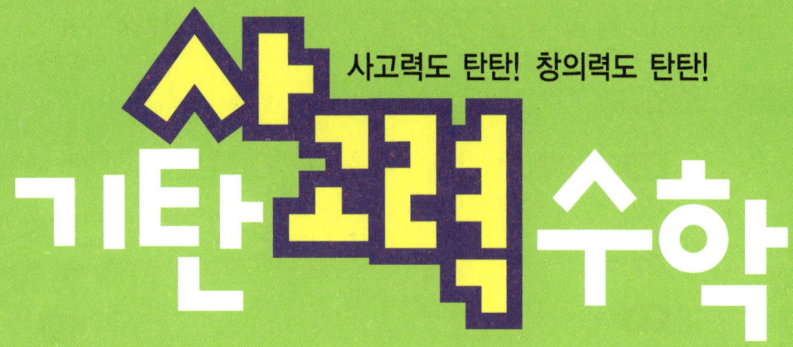

사고력도 탄탄! 창의력도 탄탄!

G121a~G180b

해답은 따로 보관하고 있다가
채점할 때 사용해 주세요.

121a 1. 예

2. 2

풀이 12개를 똑같이 6묶음으로 나눈 것 중의 한 묶음은 2개입니다.

3. 2

풀이 한 묶음은 전체의 $\frac{1}{6}$이므로 12의 $\frac{1}{6}$은 2입니다.

121b 4. 3, 6

풀이 9를 똑같이 3묶음으로 나눈 것 중의 한 묶음은 3입니다.

➡ 9의 $\frac{1}{3}$은 3이고, 9의 $\frac{2}{3}$는 3×2=6입니다.

5. 3, 9

풀이 12를 똑같이 4묶음으로 나눈 것 중의 한 묶음은 3입니다.

➡ 12의 $\frac{1}{4}$은 3이고, 12의 $\frac{3}{4}$은 3×3=9입니다.

6. 2, 8　　　7. 2, 10

122a 1. 예 , 2, 4

풀이 6개를 2개씩 묶으면 3묶음입니다.

➡ 6의 $\frac{1}{3}$은 2이고, 6의 $\frac{2}{3}$는 2×2=4입니다.

2. 예 , 3, 9

3. 예 , 4, 16

122b 4. 7

풀이 14를 똑같이 2묶음으로 나눈 것 중의 한 묶음은 7입니다.

➡ 14의 $\frac{1}{2}$은 7입니다.

5. 9　　　　　6. 5

7. 14

풀이 21을 똑같이 3묶음으로 나눈 것 중의 한 묶음은 7입니다.

➡ 21의 $\frac{2}{3}$는 7×2=14입니다.

8. 30

풀이 42를 똑같이 7묶음으로 나눈 것 중의 한 묶음은 6입니다.

➡ 42의 $\frac{5}{7}$는 6×5=30입니다.

9. 36

풀이 54를 똑같이 9묶음으로 나눈 것 중의 한 묶음은 6입니다.

➡ 54의 $\frac{6}{9}$은 6×6=36입니다.

123a 1. 예

2. 5, 1

풀이 20개를 4개씩 묶으면 5묶음입니다.

3. $\frac{1}{5}$

123b 4. (1) 3, 1, $\frac{1}{3}$　　(2) 3, 2, $\frac{2}{3}$

5. (1) $\frac{1}{3}$, $\frac{2}{3}$　　(2) $\frac{1}{5}$, $\frac{3}{5}$

풀이 (1) 4는 12를 똑같이 3묶음으로 나눈 것 중의 한 묶음이므로 $\frac{1}{3}$이고, 8은 12를 똑같이 3묶음으로 나눈 것 중의 2묶음이므로 $\frac{2}{3}$입니다.

(2) 2는 10을 똑같이 5묶음으로 나눈 것 중의 한 묶음이므로 $\frac{1}{5}$이고, 6은 10을 똑같이 5묶음으로 나눈 것 중의 3묶음이므로 $\frac{3}{5}$입니다.

124a

1. 예 ♥♥ ♥♥ ♥♥ ♥♥ , $\frac{1}{4}$, $\frac{2}{4}$

풀이 2는 8을 똑같이 4묶음으로 나눈 것 중의 한 묶음이므로 $\frac{1}{4}$이고, 4는 8을 똑같이 4묶음으로 나눈 것 중의 2묶음이므로 $\frac{2}{4}$입니다.

2. 예 (하트 그림) , $\frac{1}{4}$, $\frac{2}{4}$

3. 예 (하트 그림) , $\frac{1}{7}$, $\frac{3}{7}$

124b

4. $\frac{1}{7}\left(\frac{2}{14}\right)$

풀이 2는 14를 똑같이 2씩 7묶음으로 나눈 것 중의 한 묶음이므로 2는 14의 $\frac{1}{7}$입니다. 또, 2는 14를 똑같이 1씩 14묶음으로 나눈 것 중의 2묶음이라고 생각하여 2는 14의 $\frac{2}{14}$라고 쓸 수도 있습니다.

5. $\frac{1}{5}\left(\frac{3}{15}\right)$

6. $\frac{1}{8}\left(\frac{5}{40}\right)$

7. $\frac{2}{9}\left(\frac{4}{18}\right)$

풀이 4는 18을 똑같이 2씩 9묶음으로 나눈 것 중의 2묶음이므로 4는 18의 $\frac{2}{9}$입니다. 또, 4는 18을 똑같이 1씩 18묶음으로 나눈 것 중의 4묶음이라고 생각하여 4는 18의 $\frac{4}{18}$라고 쓸 수도 있습니다.

8. $\frac{2}{3}\left(\frac{14}{21}\right)$

풀이 14는 21을 똑같이 7씩 3묶음으로 나눈 것 중의 2묶음이므로 14는 21의 $\frac{2}{3}$입니다.

9. $\frac{3}{5}\left(\frac{15}{25}\right)$

풀이 15는 25를 똑같이 5씩 5묶음으로 나눈 것 중의 3묶음이므로 15는 25의 $\frac{3}{5}$입니다.

125a

1. 예 (원 그림) , (원 그림)

2. 2

풀이 색칠한 칸을 비교하면 $\frac{2}{4}$는 $\frac{1}{4}$의 2배입니다.

3. 2

풀이 $\frac{2}{4}$는 $\frac{1}{4}$의 2배이므로 $\frac{2}{4}$는 $\frac{1}{4}$이 2개입니다.

125b

4. 3

풀이 색칠한 칸을 비교하면 $\frac{3}{4}$은 $\frac{1}{4}$의 3배이므로 $\frac{3}{4}$은 $\frac{1}{4}$이 3개입니다.

5. 2
6. 4
7. 5

126a

1. 3

풀이 $\frac{3}{5}$은 $\frac{1}{5}$의 3배이므로 $\frac{3}{5}$은 $\frac{1}{5}$이 3개입니다.

2. 2
3. 5
4. 7

126b

5. 4

풀이 $\frac{■}{■}$는 $\frac{1}{■}$이 ●개입니다.

6. 3

7. $\frac{5}{6}$

풀이 $\frac{1}{■}$이 ●개인 수는 $\frac{●}{■}$입니다.

8. $\frac{7}{8}$

9. $\frac{1}{9}$

10. $\frac{1}{10}$

127a

1. 2, 4

2. $\frac{4}{7}$

3. <

풀이 그림에서 색칠한 칸의 수가 더 많은 $\frac{4}{7}$가 $\frac{2}{7}$보다 더 큽니다.

➡ $\frac{2}{7} < \frac{4}{7}$

127b

4. 예 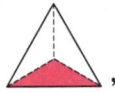 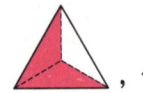 , <

풀이 그림에서 색칠한 칸의 수가 더 많은 $\frac{2}{3}$가 $\frac{1}{3}$보다 더 큽니다.

➡ $\frac{1}{3} < \frac{2}{3}$

5. 예 ▨ , ▨ , >
6. 예 ◐ , ◕ , <
7. 예 ▨ , ▨ , <
8. 예 ⬡ , ⬡ , >

128a

가로 선의 아래쪽에 있는 수가 같은 분수는 가로 선의 위쪽에 있는 수가 클수록 더 큽니다.

1. <

풀이 1 < 3 ➡ $\frac{1}{4} < \frac{3}{4}$

2. >

풀이 2 > 1 ➡ $\frac{2}{7} > \frac{1}{7}$

3. >   4. <
5. >   6. <
7. <   8. >
9. >   10. <

128b

11. 예 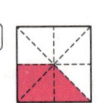 , ,

<, >, >

풀이 그림에서 색칠한 부분을 비교하면 $\frac{7}{8}$, $\frac{5}{8}$, $\frac{3}{8}$의 순서대로 색칠한 칸의 수가 많습니다. 색칠한 칸의 수가 많을수록 더 큰 분수입니다.

12. $\dfrac{8}{9}$, $\dfrac{3}{9}$

[풀이] 가로 선의 아래쪽에 있는 수가 모두 9이므로 가로 선의 위쪽에 있는 수를 비교하면 8>6>3입니다. 따라서 가장 큰 분수는 $\dfrac{8}{9}$이고, 가장 작은 분수는 $\dfrac{3}{9}$입니다.

13. (1) $\dfrac{9}{12}$, $\dfrac{4}{12}$, $\dfrac{2}{12}$, $\dfrac{7}{12}$, $\dfrac{5}{12}$

(2) $\dfrac{5}{15}$, $\dfrac{13}{15}$, $\dfrac{9}{15}$, $\dfrac{6}{15}$, $\dfrac{11}{15}$

[풀이] (1) 가로 선의 아래쪽에 있는 수가 모두 12로 같으므로, 가로 선의 위쪽에 있는 수가 클수록 큰 분수입니다.

9>7>5>4>2

➡ $\dfrac{9}{12}$ > $\dfrac{7}{12}$ > $\dfrac{5}{12}$ > $\dfrac{4}{12}$ > $\dfrac{2}{12}$

(2) 13>11>9>6>5

➡ $\dfrac{13}{15}$ > $\dfrac{11}{15}$ > $\dfrac{9}{15}$ > $\dfrac{6}{15}$ > $\dfrac{5}{15}$

129a

1. $\dfrac{1}{4}$

2. <

[풀이] 그림에서 색칠한 부분이 더 넓은 $\dfrac{1}{4}$이 $\dfrac{1}{8}$보다 더 큽니다.

➡ $\dfrac{1}{8}$ < $\dfrac{1}{4}$

129b

3. [예] , , <

[풀이] 색칠한 부분이 더 넓은 $\dfrac{1}{2}$이 $\dfrac{1}{6}$보다 더 큽니다. ➡ $\dfrac{1}{6}$ < $\dfrac{1}{2}$

4. [예] 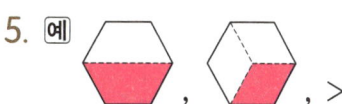 , , >

5. [예]  , , >

6. [예] , , <

130a 가로 선의 위쪽에 있는 수가 1인 분수는 가로 선의 아래쪽에 있는 수가 작을수록 더 큽니다.

1. > [풀이] 2<9 ➡ $\dfrac{1}{2}$ > $\dfrac{1}{9}$

2. < [풀이] 8>7 ➡ $\dfrac{1}{8}$ < $\dfrac{1}{7}$

3. <   4. >

5. <   6. <

7. >   8. >

9. >   10. <

130b

11. [예]

> , < , <

[풀이] 그림에서 색칠한 부분을 비교하면 $\dfrac{1}{2}$, $\dfrac{1}{3}$, $\dfrac{1}{4}$의 순서대로 색칠한 부분이 넓습니다. 색칠한 부분이 넓을수록 더 큰 분수입니다.

12. $\dfrac{1}{5}$, $\dfrac{1}{9}$

[풀이] 가로 선의 위쪽에 있는 수가 모두 1이므로 가로 선의 아래쪽에 있는 수를 비교하면 5<7<9입니다. 따라서 가장 큰 분수는 $\dfrac{1}{5}$이고, 가장 작은 분수는 $\dfrac{1}{9}$입니다.

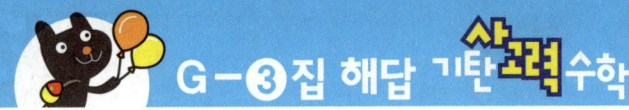
13. (1)

$$\frac{1}{14}, \frac{1}{6}, \frac{1}{10}, \boxed{\frac{1}{4}}, \frac{1}{7}$$

(2)

$$\frac{1}{7}, \frac{1}{5}, \frac{1}{13}, \frac{1}{8}, \boxed{\frac{1}{3}}$$

풀이 (1) 가로 선의 위쪽에 있는 수가 모두 1로 같으므로, 가로 선의 아래쪽에 있는 수가 작을수록 큰 분수입니다.

4<6<7<10<14

➡ $\frac{1}{4} > \frac{1}{6} > \frac{1}{7} > \frac{1}{10} > \frac{1}{14}$

(2) 3<5<7<8<13

➡ $\frac{1}{3} > \frac{1}{5} > \frac{1}{7} > \frac{1}{8} > \frac{1}{13}$

131a

1. 8, 4, 2

풀이 사탕을 분수의 가로 선 아래쪽에 있는 수로 똑같이 나누어 보고 한 묶음의 개수를 알아봅니다.

2. (1) 16　　(2) 24
(3) 20　　(4) 22

풀이 (1) 32를 똑같이 2묶음으로 나눈 것 중의 한 묶음은 16입니다.

➡ 32의 $\frac{1}{2}$은 16입니다.

(2) 32를 똑같이 4묶음으로 나눈 것 중의 한 묶음은 8입니다.

➡ 32의 $\frac{3}{4}$은 8×3=24입니다.

(3) 32를 똑같이 8묶음으로 나눈 것 중의 한 묶음은 4입니다.

➡ 32의 $\frac{5}{8}$는 4×5=20입니다.

(4) 32를 똑같이 16묶음으로 나눈 것 중의 한 묶음은 2입니다.

➡ 32의 $\frac{11}{16}$은 2×11=22입니다.

3. (1) 5　　　　(2) 15
(3) 12　　　(4) 35

풀이 (1) 15를 똑같이 3묶음으로 나눈 것 중의 한 묶음은 5이므로, 15의 $\frac{1}{3}$은 5입니다.

(2) 20을 똑같이 4묶음으로 나눈 것 중의 한 묶음은 5이므로, 20의 $\frac{3}{4}$은 5×3=15입니다.

(3) 30을 똑같이 5묶음으로 나눈 것 중의 한 묶음은 6이므로, 30의 $\frac{2}{5}$는 6×2=12입니다.

(4) 42를 똑같이 6묶음으로 나눈 것 중의 한 묶음은 7이므로, 42의 $\frac{5}{6}$는 7×5=35입니다.

4. 예

풀이 18의 $\frac{1}{3}$은 6이므로 $\frac{2}{3}$는 6×2=12입니다. 따라서 12칸을 색칠합니다.

131b

5. $\frac{1}{3}, \frac{2}{3}$

풀이 6은 18을 똑같이 3묶음으로 나눈 것 중의 한 묶음이므로 $\frac{1}{3}$이고, 12는 18을 똑같이 3묶음으로 나눈 것 중의 2묶음이므로 $\frac{2}{3}$입니다.

6.

$$\frac{1}{4}, \frac{2}{4}, \frac{3}{4}$$

풀이 그림을 5칸씩 묶으면 4묶음이 됩니다. 따라서 5는 20의 $\frac{1}{4}$, 10은 20의 $\frac{2}{4}$, 15는 20의 $\frac{3}{4}$입니다.

7. (1) $\frac{1}{6}\left(\frac{3}{18}\right)$ (2) $\frac{2}{5}\left(\frac{6}{15}\right)$

(3) $\frac{3}{4}\left(\frac{9}{12}\right)$ (4) $\frac{5}{7}\left(\frac{10}{14},\frac{20}{28}\right)$

풀이 (1) 3은 18을 똑같이 3씩 6묶음으로 나눈 것 중의 한 묶음이므로 3은 18의 $\frac{1}{6}$입니다. 또, 3은 18을 똑같이 1씩 18묶음으로 나눈 것 중의 3묶음이므로 $\frac{3}{18}$이라고 쓸 수도 있습니다.

(2) 6은 15를 똑같이 3씩 5묶음으로 나눈 것 중의 2묶음이므로 6은 15의 $\frac{2}{5}$입니다. 또, 6은 15를 똑같이 1씩 15묶음으로 나눈 것 중의 6묶음이므로 $\frac{6}{15}$이라고 쓸 수도 있습니다.

(3) 9는 12를 똑같이 3씩 4묶음으로 나눈 것 중의 3묶음이므로 9는 12의 $\frac{3}{4}$입니다. 또, 9는 12를 똑같이 1씩 12묶음으로 나눈 것 중의 9묶음이므로 $\frac{9}{12}$라고 쓸 수도 있습니다.

(4) 20은 28을 똑같이 4씩 7묶음으로 나눈 것 중의 5묶음이므로 20은 28의 $\frac{5}{7}$입니다. 또, 20은 28을 똑같이 2씩 14묶음으로 나눈 것 중의 10묶음이므로 20은 28의 $\frac{10}{14}$입니다. 또, 20은 28을 똑같이 1씩 28묶음으로 나눈 것 중의 20묶음이므로 $\frac{20}{28}$이라고 쓸 수도 있습니다.

132a **1.** (1) 3 (2) 5 (3) $\frac{1}{8}$ (4) $\frac{1}{10}$

풀이

2. (1) 예 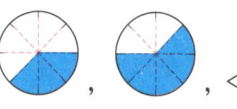 , , <

(2) 예 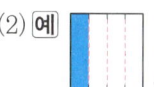 , 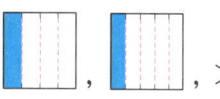 , >

풀이 (1) 색칠한 칸의 수가 더 많은 $\frac{5}{8}$가 $\frac{3}{8}$보다 더 큽니다. ➡ $\frac{3}{8}<\frac{5}{8}$

(2) 색칠한 부분이 더 넓은 $\frac{1}{4}$이 $\frac{1}{5}$보다 더 큽니다. ➡ $\frac{1}{4}>\frac{1}{5}$

3. (1) > (2) <
(3) > (4) >
(5) < (6) <

풀이 가로 선의 아래쪽에 있는 수가 같은 분수는 가로 선의 위쪽에 있는 수가 클수록 더 크고, 가로 선의 위쪽에 있는 수가 1인 분수는 가로 선의 아래쪽에 있는 수가 작을수록 더 큽니다.

132b **4.** $\frac{1}{11},\frac{3}{11},\frac{5}{11},\frac{6}{11},\frac{9}{11}$

풀이 주어진 분수의 가로 선의 위쪽에 있는 수를 비교합니다.
$1<3<5<6<9$
➡ $\frac{1}{11}<\frac{3}{11}<\frac{5}{11}<\frac{6}{11}<\frac{9}{11}$

5. $\frac{1}{2},\frac{1}{4},\frac{1}{7},\frac{1}{8},\frac{1}{10}$

풀이 주어진 분수의 가로 선의 아래쪽에 있는 수를 비교합니다.
$2<4<7<8<10$
➡ $\frac{1}{2}>\frac{1}{4}>\frac{1}{7}>\frac{1}{8}>\frac{1}{10}$

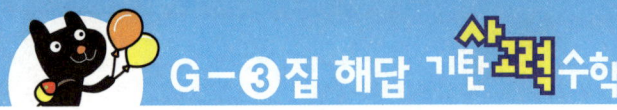

6. $\dfrac{11}{20}$, $\dfrac{6}{20}$, $\dfrac{13}{20}$, $\dfrac{4}{20}$, $\dfrac{16}{20}$

풀이 주어진 분수 중에서 가로 선의 위쪽에 있는 수가 9보다 큰 분수를 모두 찾습니다.

7. $\dfrac{1}{14}$, $\dfrac{1}{5}$, $\dfrac{1}{12}$, $\dfrac{1}{7}$, $\dfrac{1}{15}$

풀이 주어진 분수 중에서 가로 선의 아래쪽에 있는 수가 10보다 큰 분수를 모두 찾습니다.

133a 창의력 학습
예
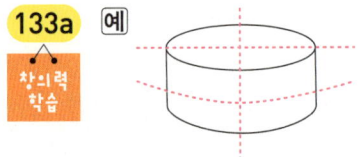

133b 창의력 학습
예

134a 경시 대회 예상 문제
1. 예

풀이 30을 똑같이 6묶음으로 나눈 것 중의 한 묶음은 5입니다.

따라서 30의 $\dfrac{1}{6}$은 5이고 30의 $\dfrac{5}{6}$는 $5 \times 5 = 25$입니다.

2. 320

풀이 • $\dfrac{3}{5}$은 $\dfrac{1}{5}$이 3개인 수이므로 ㉮의 $\dfrac{1}{5}$은 8입니다. 따라서 ㉮는 $8 \times 5 = 40$입니다.

• 12의 $\dfrac{1}{3}$은 4이므로 $\dfrac{2}{3}$는 8입니다. 따라서 ㉯는 8입니다.

➡ ㉮×㉯$=40 \times 8 = 320$

3. 3

풀이

주어진 도형을 색칠한 부분과 모양과 크기가 똑같게 나누면 색칠한 부분은 전체의 $\dfrac{1}{16}$입니다. 따라서 48의 $\dfrac{1}{16}$은 3이므로 색칠한 부분의 넓이는 3입니다.

134b 경시 대회 예상 문제
4. 60

풀이 • 63의 $\dfrac{1}{7}$은 9이므로 45는 63의 $\dfrac{5}{7}$입니다. ➡ ㉮$=5$

• $6 \div 3 = 2$이므로 24를 2씩 묶으면 12묶음입니다. ➡ ㉯$=12$
따라서 ㉮×㉯$=5 \times 12 = 60$입니다.

5. $\dfrac{1}{4}$, $\dfrac{2}{8}$, $\dfrac{4}{16}$, $\dfrac{8}{32}$

풀이 • 8은 32를 똑같이 8씩 4묶음으로 나눈 것 중의 한 묶음이므로 8은 32의 $\dfrac{1}{4}$입니다.

• 8은 32를 똑같이 4씩 8묶음으로 나눈 것 중의 2묶음이므로 8은 32의 $\dfrac{2}{8}$입니다.

• 8은 32를 똑같이 2씩 16묶음으로 나눈 것 중의 4묶음이므로 8은 32의 $\dfrac{4}{16}$입니다.

• 8은 32를 똑같이 1씩 32묶음으로 나눈 것 중의 8묶음이므로 8은 32의 $\dfrac{8}{32}$입니다.

6. 2, 3, 4, 5

풀이 가로 선의 위쪽에 있는 수가 1

이므로 $\frac{1}{6} < \frac{1}{\square}$ 이 되려면 가로 선의

아래쪽에 있는 수는 6보다 작아야 합

니다. 따라서 □ 안에 들어갈 수 있는

수는 2, 3, 4, 5입니다.

7.

$$\frac{1}{5}, \frac{1}{7}, \frac{3}{5}, \frac{2}{5}, \frac{1}{6}$$

풀이 • 가로 선의 위쪽에 있는 수가

1인 분수의 크기 비교

➡ $\frac{1}{5} > \frac{1}{6} > \frac{1}{7}$

• 가로 선의 아래쪽에 있는 수가 5인

분수의 크기 비교

➡ $\frac{3}{5} > \frac{2}{5} > \frac{1}{5}$

따라서 분수의 크기가 큰 것부터 차례

로 쓰면 $\frac{3}{5}, \frac{2}{5}, \frac{1}{5}, \frac{1}{6}, \frac{1}{7}$ 입니다.

135a
경시 대회
예상 문제

8. 18마리

풀이 닭은 전체 동물 수의 $\frac{3}{8}$ 이고,

$\frac{5}{8}$ 가 30마리이므로 $\frac{1}{8}$ 은 6마리입

니다. 따라서 닭은 6×3=18(마리)입

니다.

9. 수희, 2분

풀이 1시간은 60분입니다.

• 60분의 $\frac{1}{6}$ 은 10분이므로 $\frac{5}{6}$ 는

10×5=50(분)입니다.

• 60분의 $\frac{1}{10}$ 은 6분이므로 $\frac{8}{10}$ 은

6×8=48(분)입니다.

따라서 수희가 50-48=2(분) 더 많

이 공부했습니다.

10. $\frac{2}{5} \left(\frac{14}{35} \right)$

풀이 사탕 14개는 7개씩 2봉지이고

2봉지는 5봉지의 $\frac{2}{5}$ 입니다. 따라서

친구들과 먹은 사탕은 전체의 $\frac{2}{5}$ 입

니다. 또, 사탕 5봉지에 들어 있는 사

탕 전체의 개수는 7×5=35(개)이

고, 먹은 사탕은 14개이므로 $\frac{14}{35}$ 로

도 나타낼 수 있습니다.

11. 3개

풀이 5명이 한 조각씩 먹으면 5조각

이므로 먹은 피자는 $\frac{5}{8}$ 이고 남은 피

자는 $\frac{3}{8}$ 입니다. 따라서 남은 피자는

$\frac{1}{8}$ 이 3개입니다.

135b
경시 대회
예상 문제

12. 배추, 무, 고추

풀이 무를 심은 넓이는 전체의 $\frac{3}{10}$

입니다. 따라서 $\frac{5}{10} > \frac{3}{10} > \frac{2}{10}$ 이므

로 채소를 심은 넓이가 넓은 순서는

배추, 무, 고추입니다.

13. 36의 $\frac{1}{9}$ 은 4이므로 $\frac{4}{9}$ 는

4×4=16입니다. 또, 36의 $\frac{1}{6}$ 은

6입니다.

따라서 동생과 누나에게 줄 연필

은 모두 16+6=22(자루)입니다.

[답] 22자루

평가 기준	
상	동생과 누나에게 줄 연필의 수를 각각 구한 후에 답을 구했다.
하	동생과 누나에게 줄 연필의 수는 각각 구했지만 답이 틀렸다.

※해답은 따로 보관하고 있다가 채점할 때 사용해 주세요.

14. $\frac{4}{7}$는 $\frac{1}{7}$이 4개인 수이므로 어떤 수의 $\frac{1}{7}$은 9입니다. 따라서 어떤 수는 9×7=63이므로, 63의 $\frac{1}{9}$ 은 7이고, 63의 $\frac{2}{9}$는 7×2=14 입니다.
[답] 14

평가 기준	
상	어떤 수를 구하여 답을 바르게 구했다.
하	어떤 수는 구했으나 답을 구하지 못했다.

136a

1. |1mm |1mm |1mm

참고 • 우리가 사용하는 자는 mm 단위까지 표시되어 있습니다.
• 1 mm는 1 cm를 똑같이 10칸으로 나눈 것이므로 길이를 보다 더 정확하게 나타낼 때 사용합니다.

2. (1) 5 밀리미터
(2) 34 밀리미터

136b

3. (1) 9 mm
(2) 25 mm

4.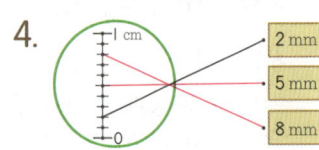

풀이 1 cm를 똑같이 10칸으로 나누었을 때 작은 눈금 한 칸의 길이는 1 mm입니다. 따라서 5 mm는 0에서부터 5칸, 8 mm는 0에서부터 8칸에 해당하는 점을 찾아 선으로 연결합니다.

5. (1) 40　　(2) 90
(3) 100　　(4) 800
(5) 3　　(6) 6
(7) 20　　(8) 70

풀이 1 cm=10 mm임을 이용해서 알아봅니다.

137a

1. 3
풀이 자에서 숫자가 쓰인 눈금 한 칸은 1 cm이고, 작은 눈금 한 칸은 1 mm입니다.

2. 5, 3
풀이 크레파스의 길이는 5 cm에서 오른쪽으로 작은 눈금 3칸을 더 차지하므로 5 cm 3 mm입니다.

137b

3. (1) 3 센티미터 6 밀리미터
(2) 9 센티미터 2 밀리미터

4. (1) 2 cm 9 mm
(2) 7 cm 4 mm

5. (1) 1, 4　　(2) 8, 8
풀이 작은 눈금 한 칸은 1 mm입니다.
(1) 1 cm에서 작은 눈금 4칸을 더 갔으므로 1 cm 4 mm입니다.
(2) 8 cm에서 작은 눈금 8칸을 더 갔으므로 8 cm 8 mm입니다.

138a

1. 4 cm 9 mm
풀이 연필의 오른쪽 끝이 숫자 4에서 작은 눈금 9칸을 더 갔으므로 4 cm 9 mm입니다.

2. 6 cm 1 mm
풀이 연필의 오른쪽 끝이 숫자 6에서 작은 눈금 1칸을 더 갔으므로 6 cm 1 mm입니다.

3. 7 cm 5 mm

풀이 연필의 오른쪽 끝이 숫자 7에서 작은 눈금 5칸을 더 갔으므로 7 cm 5 mm입니다.

4. 9 cm 2 mm

풀이 연필의 오른쪽 끝이 숫자 9에서 작은 눈금 2칸을 더 갔으므로 9 cm 2 mm입니다.

138b 한쪽 끝을 자의 눈금 0에 맞추고 다른 쪽 끝이 닿는 부분이 작은 눈금 몇 칸인지 알아봅니다.

5. 2 cm 6 mm

6. 5 cm 4 mm

7. 7 cm 7 mm

8. 8 cm 3 mm

9. 11 cm 5 mm

139a 1 cm=10 mm임을 이용합니다.

1. 20, 28   **2.** 4, (4, 5)

3. 50, 53   **4.** 6, (6, 2)

5. 120, 124   **6.** 10, (10, 6)

139b **7.** 15

풀이 1 cm 5 mm=1 cm+5 mm
　　　　　=10 mm+5 mm
　　　　　=15 mm

8. 3, 7

풀이 37 mm=30 mm+7 mm
　　　　=3 cm+7 mm
　　　　=3 cm 7 mm

9. 46

풀이 4 cm 6 mm=4 cm+6 mm
　　　　　=40 mm+6 mm
　　　　　=46 mm

10. 7, 9

풀이 79 mm=70 mm+9 mm
　　　　=7 cm+9 mm
　　　　=7 cm 9 mm

11. 87   **12.** 9, 1

13. 202

풀이 20 cm 2 mm=20 cm+2 mm
　　　　　=200 mm+2 mm
　　　　　=202 mm

14. 13, 8

풀이 138 mm=130 mm+8 mm
　　　　　=13 cm+8 mm
　　　　　=13 cm 8 mm

15. 499   **16.** 25, 4

140a **1.** 1 km   1 km   1 km

2. (1) 3000   (2) 4000
　　(3) 6000   (4) 8000
　　(5) 2   (6) 5
　　(7) 7   (8) 9

풀이 1 km=1000 m임을 이용해서 알아봅니다.

140b **3.** (1) 600   (2) 2, 600

4. (1) 3 킬로미터 200 미터
　　(2) 5 킬로미터 700 미터

5. (1) 4 km 300 m
　　(2) 7 km 900 m

141a 1 km를 똑같이 10으로 나눈 작은 눈금 한 칸은 100 m입니다.

1. 1, 800

풀이 1 km에서 작은 눈금 8칸을 더 갔으므로 1 km 800 m입니다.

2. 2, 400

풀이 2 km에서 작은 눈금 4칸을 더 갔으므로 2 km 400 m입니다.

3. 3, 700

풀이 3 km에서 작은 눈금 7칸을 더 갔으므로 3 km 700 m입니다.

4. 6, 200

풀이 6 km에서 작은 눈금 2칸을 더 갔으므로 6 km 200 m입니다.

141b

5. 2000, 2500

6. 1, (1, 900)

7. 4700

풀이 4 km 700 m
=4 km+700 m
=4000 m+700 m
=4700 m

8. 3, 200

풀이 3200 m=3000 m+200 m
=3 km+200 m
=3 km 200 m

9. 5100

풀이 5 km 100 m
=5 km+100 m
=5000 m+100 m
=5100 m

10. 4, 800

풀이 4800 m=4000 m+800 m
=4 km+800 m
=4 km 800 m

11. 7650   **12.** 6, 150

13. 9380   **14.** 8, 730

142a

1. 6, 7

풀이 mm 단위는 mm끼리, cm 단위는 cm끼리 더합니다.

---

2. 9, 8

3. (위에서부터) 11, 1, (8, 1)

풀이 mm 단위끼리의 합이 10이거나 10보다 크면 10 mm를 1 cm로 받아올림하여 계산합니다.

4. (위에서부터) 16, 1, (9, 6)

142b

5. 6, 3   **6.** 8, 9

7. 7, 6   **8.** 5, 7

9. 5, 3

풀이
```
      1 cm    7 mm
  +   3 cm    6 mm
  ─────────────────
      4 cm   13 mm
  +1 cm ← −10 mm
  ─────────────────
      5 cm    3 mm
```

10. 8, 5

풀이
```
      3 cm    8 mm
  +   4 cm    7 mm
  ─────────────────
      7 cm   15 mm
  +1 cm ← −10 mm
  ─────────────────
      8 cm    5 mm
```

11. 10, 4

풀이
```
      4 cm    5 mm
  +   5 cm    9 mm
  ─────────────────
      9 cm   14 mm
  +1 cm ← −10 mm
  ─────────────────
     10 cm    4 mm
```

12. 12, 2

풀이
```
      7 cm    6 mm
  +   4 cm    6 mm
  ─────────────────
     11 cm   12 mm
  +1 cm ← −10 mm
  ─────────────────
     12 cm    2 mm
```

143a

1. 2, 900

풀이 m 단위는 m끼리, km 단위는 km끼리 더합니다.

2. 7, 400

3. (위에서부터) 1300, 1, (8, 300)

풀이 m 단위끼리의 합이 1000이거나 1000보다 크면 1000 m를 1 km로 받아올림하여 계산합니다.

4. (위에서부터) 1800, 1, (5, 800)

143b

5. 8, 500　　**6.** 4, 700

7. 9, 250　　**8.** 15, 670

9. 6, 200

풀이
```
    2 km   700 m
  + 3 km   500 m
  ─────────────
    5 km  1200 m
  +1 km ← −1000 m
  ─────────────
    6 km   200 m
```

10. 8, 700

풀이
```
    1 km   800 m
  + 6 km   900 m
  ─────────────
    7 km  1700 m
  +1 km ← −1000 m
  ─────────────
    8 km   700 m
```

11. 11, 560

풀이
```
    6 km   920 m
  + 4 km   640 m
  ─────────────
   10 km  1560 m
  +1 km ← −1000 m
  ─────────────
   11 km   560 m
```

12. 13, 180

풀이
```
    5 km   450 m
  + 7 km   730 m
  ─────────────
   12 km  1180 m
  +1 km ← −1000 m
  ─────────────
   13 km   180 m
```

144a

1. 5, 2

풀이 mm 단위는 mm끼리, cm 단위는 cm끼리 뺍니다.

2. 2, 5

3. (위에서부터) (8, 10), (6, 3)

풀이 mm 단위끼리 뺄 수 없을 때에는 1 cm를 10 mm로 받아내림하여 계산합니다.

4. (위에서부터) (5, 10), (4, 6)

144b

5. 4, 1　　**6.** 6, 7

7. 3, 3　　**8.** 7, 6

9. 1, 4

풀이
```
     6   10
     7 cm  3 mm
   − 5 cm  9 mm
   ───────────
     1 cm  4 mm
```

10. 5, 8

풀이
```
     7   10
     8 cm  1 mm
   − 2 cm  3 mm
   ───────────
     5 cm  8 mm
```

11. 7, 5

풀이
```
    12   10
    13 cm  2 mm
   − 5 cm  7 mm
   ───────────
     7 cm  5 mm
```

12. 2, 7

풀이
```
    10   10
    11 cm  5 mm
   − 8 cm  8 mm
   ───────────
     2 cm  7 mm
```

145a

1. 2, 400　　**2.** 6, 100

3. (위에서부터) (5, 1000), (1, 900)

풀이 m 단위끼리 뺄 수 없을 때에는 1 km를 1000 m로 받아내림하여 계산합니다.

4. (위에서부터) (4, 1000), (3, 700)

145b
5. 2, 300

6. 3, 500

7. 1, 150

8. 4, 240

9. 2, 500

풀이
```
      7      1000
      8̶ km   100̶ m
   −  5 km   600 m
   ─────────────────
      2 km   500 m
```

10. 1, 800

풀이
```
      2      1000
      3̶ km   300̶ m
   −  1 km   500 m
   ─────────────────
      1 km   800 m
```

11. 5, 430

풀이
```
     13      1000
     1̶4̶ km   130̶ m
   −  8 km   700 m
   ─────────────────
      5 km   430 m
```

12. 8, 640

풀이
```
     14      1000
     1̶5̶ km   560̶ m
   −  6 km   920 m
   ─────────────────
      8 km   640 m
```

146a
1. 7 mm, 7 밀리미터

풀이 작은 눈금 한 칸은 1 mm를 나타냅니다. 따라서 7칸은 7 mm이고 7 밀리미터라고 읽습니다.

2. 10 cm 5 mm, 10 센티미터 5 밀리미터

풀이 한쪽 끝을 자의 눈금 0에 맞추고 다른 쪽 끝이 닿는 부분이 작은 눈금 몇 칸인지 알아봅니다.

3. 3, 300

풀이 3 km에서 작은 눈금 3칸을 더 갔으므로 3 km 300 m입니다.

4. 4 km 900 m, 4 킬로미터 900 미터

146b
5. (1) 273   (2) 50, 7
   (3) 3425   (4) 5, 50

풀이 (1) 27 cm 3 mm
   = 27 cm + 3 mm
   = 270 mm + 3 mm
   = 273 mm
(2) 507 mm = 500 mm + 7 mm
   = 50 cm + 7 mm
   = 50 cm 7 mm
(3) 3 km 425 m = 3 km + 425 m
   = 3000 m + 425 m
   = 3425 m
(4) 5050 m = 5000 m + 50 m
   = 5 km + 50 m
   = 5 km 50 m

6. (1) 25 cm 5 mm
   (2) 6 km 600 m

풀이 (1) 25 cm 5 mm = 255 mm
   255 > 250
   ➡ 25 cm 5 mm가 250 mm보다 더 깁니다.
(2) 6 km 600 m = 6600 m
   6006 < 6600
   ➡ 6 km 600 m가 6006 m보다 더 깁니다.

7. (1) 15, 4   (2) 8, 7

풀이 (1) 6 cm 6 mm + 8 cm 8 mm
   = 14 cm 14 mm
   = 15 cm 4 mm
(2) 16 cm 3 mm − 7 cm 6 mm
   = 15 cm 13 mm − 7 cm 6 mm
   = 8 cm 7 mm

147a
1. 23 cm

풀이 10 mm = 1 cm임을 이용해서 알아봅니다.

2. 125 mm

풀이 12 cm 5 mm
=12 cm+5 mm
=120 mm+5 mm
=125 mm

3. 1350 m

풀이 1 km 350 m
=1 km+350 m
=1000 m+350 m
=1350 m

4. 7 km 40 m

풀이 7040 m=7000 m+40 m
=7 km+40 m
=7 km 40 m

147b

5. [식] 18 cm 9 mm+25 cm 3 mm
=44 cm 2 mm
[답] 44 cm 2 mm

풀이 (가로의 길이)+(세로의 길이)
=18 cm 9 mm+25 cm 3 mm
=43 cm 12 mm
=44 cm 2 mm

6. [식] 55 cm 6 mm−25 cm 8 mm
=29 cm 8 mm
[답] 29 cm 8 mm

풀이 (남은 철사의 길이)
=(처음 길이)−(사용한 길이)
=55 cm 6 mm−25 cm 8 mm
=54 cm 16 mm−25 cm 8 mm
=29 cm 8 mm

7. [식] 2 km 950 m+1 km 150 m
=4 km 100 m
[답] 4 km 100 m

풀이 (입구에서 약수터까지의 거리)
=(입구에서 야영장까지의 거리)
+(야영장에서 약수터까지의 거리)
=2 km 950 m+1 km 150 m
=3 km 1100 m
=4 km 100 m

8. [식] 3 km 250 m−1 km 970 m
=1 km 280 m
[답] 1 km 280 m

풀이 (올라갈 때의 거리)−(내려올 때
의 거리)
=3 km 250 m−1 km 970 m
=2 km 1250 m−1 km 970 m
=1 km 280 m

148a 창의력 학습

정호

풀이 • 보희
1 cm 6 mm+2 cm 4 mm
+3 cm 5 mm
=7 cm 5 mm

• 정호
2 cm 5 mm+4 cm 6 mm
+1 cm 3 mm
=8 cm 4 mm

148b 창의력 학습

4 km 180 m

풀이 660 m+900 m+560 m
+800 m+700 m+560 m
=4180 m
=4 km 180 m

149a 경시 대회 예상 문제

1. 6 cm 6 mm

풀이 색 테이프의 길이는 큰 눈금 6칸
과 작은 눈금 6칸입니다.
따라서 6 cm 6 mm입니다.

2. 생략

풀이 (1) 자의 숫자 0을 왼쪽 끝에 맞
춘 다음 숫자 3에서 작은 눈금 8칸
을 더 지나도록 선분을 그립니다.

(2) 57 mm=5 cm 7 mm이므로 자
의 숫자 0을 왼쪽 끝에 맞춘 다음
숫자 5에서 작은 눈금 7칸을 더
지나도록 선분을 그립니다.

3.

(+)		
5 cm 5 mm	36 mm	9 cm 1 mm
(−) 17 mm	2 cm 9 mm	46 mm
3 cm 8 mm	7 mm	4 cm 5 mm

풀이 • 5 cm 5 mm+36 mm
=5 cm 5 mm+3 cm 6 mm
=8 cm 11 mm=9 cm 1 mm
• 17 mm+2 cm 9 mm
=17 mm+29 mm=46 mm
• 5 cm 5 mm−17 mm
=5 cm 5 mm−1 cm 7 mm
=4 cm 15 mm−1 cm 7 mm
=3 cm 8 mm
• 36 mm−2 cm 9 mm
=36 mm−29 mm=7 mm
• 3 cm 8 mm+7 mm
=3 cm 15 mm=4 cm 5 mm

149b

경시 대회
예상 문제

4. (1) 8, 6   (2) 6, 5
(3) 3, 500   (4) 14, 500

풀이 (1) 13 cm 2 mm−4 cm 6 mm
=12 cm 12 mm−4 cm 6 mm
=8 cm 6 mm
(2) 12 cm 4 mm−5 cm 9 mm
=11 cm 14 mm−5 cm 9 mm
=6 cm 5 mm
(3) 10 km 200 m−6 km 700 m
=9 km 1200 m−6 km 700 m
=3 km 500 m
(4) 7 km 690 m+6 km 810 m
=13 km 1500 m
=14 km 500 m

5. 15 cm 3 mm, 1 cm 5 mm

풀이 • 8 cm 4 mm+6 cm 9 mm
=14 cm 13 mm
=15 cm 3 mm
• 8 cm 4 mm−6 cm 9 mm
=7 cm 14 mm−6 cm 9 mm
=1 cm 5 mm

6. 73

풀이 10 cm 4 mm−56 mm
=104 mm−56 mm=48 mm
이고 2 cm 6 mm=26 mm이므로
㉠ 48 mm, ㉡ □ mm−26 mm
입니다.
따라서 48 mm=□ mm−26 mm
에서
□ mm=48 mm+26 mm=74 mm
이므로 48 mm가 □ mm−26 mm
보다 더 길 때, □ 안에 들어갈 수 있
는 수는 74보다 작은 수입니다.

150a
경시 대회
예상 문제

7. 2611

풀이 4500 m+2 km 50 m
=4500 m+2050 m=6550 m
이고 3 km 940 m=3940 m이므로
㉠ 3940 m+□ m, ㉡ 6550 m
입니다.
따라서 3940 m+□ m=6550 m
에서
□ m=6550 m−3940 m
=2610 m
이므로 3940 m+□ m가 6550 m
보다 더 길 때, □ 안에 들어갈 수 있
는 수는 2610보다 큰 수입니다.

8. 19 cm 7 mm

풀이 두 색 테이프의 길이의 합에서
겹쳐진 부분의 길이를 뺍니다.
13 cm 9 mm+10 cm 3 mm−45 mm
=23 cm 12 mm−45 mm
=23 cm 12 mm−4 cm 5 mm
=19 cm 7 mm

9. 860 m

풀이 5 km 320 m−2 km 920 m
−1540 m
=2 km 400 m−1540 m
=2 km 400 m−1 km 540 m
=860 m

150b

경시 대회
예상 문제

10. 집에서 가게까지의 거리는
1 km 700 m−780 m=920 m
이고, 집에서 가게를 다녀왔으므
로 경미가 걸은 거리는
(간 거리)+(온 거리)
=920 m+920 m
=1840 m
=1 km 840 m
[답] 1 km 840 m

평가 기준	
상	집에서 가게까지의 거리를 구하여 경미가 걸은 거리를 구했다.
하	집에서 가게까지의 거리는 구했으나 경미가 걸은 거리는 구하지 못했다.

11. □장을 붙이면 전체 길이는
20 cm×□−5 mm×(□−1)
입니다.
5장을 붙이면 전체 길이는
20 cm×5−5 mm×4
=100 cm−20 mm
=100 cm−2 cm
=98 cm
6장을 붙이면 전체 길이는
20 cm×6−5 mm×5
=120 cm−25 mm
=120 cm−2 cm 5 mm
=117 cm 5 mm
7장을 붙이면 전체 길이는
20 cm×7−5 mm×6
=140 cm−30 mm
=140 cm−3 cm
=137 cm
따라서 길이가 100 cm보다 길
고 120 cm보다 짧게 만들려면
6장을 붙여야 합니다.
[답] 6장

평가 기준	
상	풀이 과정을 써서 답을 바르게 구했다.
하	풀이 과정을 써서 답을 구했으나 풀이 과정이 미흡하다.

151a

1. 7시, 8시 20분

풀이 시각은 어느 한 시점을 나타내므로 음악회가 시작한 7시와 끝난 8시 20분이 해당됩니다.

2. 1시간 20분

풀이 시간은 어떤 시각에서 어떤 시각까지의 사이를 나타내므로 음악회가 진행된 1시간 20분이 해당됩니다.

151b

3. 10, (11, 20), (1, 20)

풀이 나누어진 한 칸은 10분을 나타내므로 눈금 6칸은 1시간을 나타냅니다. 10시부터 11시 20분까지는 8칸이므로 1시간 20분입니다.

4. (3, 20), (4, 30), (1, 10)

풀이 3시 20분부터 4시 30분까지는 7칸이므로 1시간 10분입니다.

152a

1. 1, 30

풀이 1시 $\xrightarrow{1시간}$ 2시 $\xrightarrow{30분}$ 2시 30분
따라서 1시부터 2시 30분까지는 1시간 30분입니다.

2. 2, 40

풀이 7시 $\xrightarrow{2시간}$ 9시 $\xrightarrow{40분}$ 9시 40분

3. 1, 10

풀이 4시 50분 $\xrightarrow{1시간}$ 5시 50분 $\xrightarrow{10분}$ 6시

4. 2, 40

풀이 8시 20분 $\xrightarrow{2시간}$ 10시 20분 $\xrightarrow{40분}$ 11시

152b

5. 1, 10

풀이 2시 10분 $\xrightarrow{1시간}$ 3시 10분 $\xrightarrow{10분}$ 3시 20분

6. 2, 30

풀이 6시 50분 →(2시간) 8시 50분
→(30분) 9시 20분

7. 1, 15

풀이 3시 30분 →(1시간) 4시 30분
→(15분) 4시 45분

8. 4, 15

풀이 5시 55분 →(4시간) 9시 55분
→(15분) 10시 10분

153a **1.**

153b **2.** 1, 30, 15

풀이 시침 : 숫자 1과 2 사이 ➡ 1시
분침 : 숫자 6을 약간 벗어남. ➡ 30분
초침 : 숫자 3 ➡ 15초
따라서 시각은 1시 30분 15초입니다.

3. 6, 15, 40

풀이 초침이 숫자 8을 가리키므로
40초입니다.

4. 9, 23, 7

풀이 시침 : 숫자 9와 10 사이 ➡ 9시
분침 : 숫자 4에서 작은 눈금 3칸을
약간 벗어남. ➡ 23분
초침 : 숫자 1에서 작은 눈금 2칸을
더 지남 ➡ 7초
따라서 시각은 9시 23분 7초입니다.

5. 3, 8, 56

풀이 초침이 숫자 11에서 작은 눈금
1칸을 더 지났으므로 56초입니다.

6. 5, 51, 38

풀이 초침이 숫자 7에서 작은 눈금
3칸을 더 지났으므로 38초입니다.

7. 11, 47, 29

풀이 초침이 숫자 5에서 작은 눈금
4칸을 더 지났으므로 29초입니다.

154a **1.**

풀이 초침이 작은 눈금 한 칸을 지나
는 데 걸리는 시간은 1초입니다.
5초이므로 초침이 숫자 1을 가리키
도록 그립니다.

2.

풀이 50초이므로 초침이 숫자 10을
가리키도록 그립니다.

3.

풀이 12초이므로 초침이 숫자 2에
서 작은 눈금 2칸만큼 더 지난 곳을
가리키도록 그립니다.

4.

풀이 21초이므로 초침이 숫자 4에
서 작은 눈금 1칸만큼 더 지난 곳을
가리키도록 그립니다.

5.

6.

154b

7. 60, 80

8. 1, (1, 40)

9. 130

풀이 2분 10초=2분+10초
　　　　＝120초+10초
　　　　＝130초

10. 3, 50

풀이 230초=180초+50초
　　　　＝3분+50초
　　　　＝3분 50초

11. 290

풀이 4분 50초=4분+50초
　　　　＝240초+50초
　　　　＝290초

12. 5, 10

풀이 310초=300초+10초
　　　　＝5분+10초
　　　　＝5분 10초

13. 400

풀이 6분 40초=6분+40초
　　　　＝360초+40초
　　　　＝400초

14. 7, 30

풀이 450초=420초+30초
　　　　＝7분+30초
　　　　＝7분 30초

15. 515

풀이 8분 35초=8분+35초
　　　　＝480초+35초
　　　　＝515초

16. 9, 25

풀이 565초=540초+25초
　　　　＝9분+25초
　　　　＝9분 25초

155a

1. 6, 50

풀이 (시각)+(시간)=(시각)

2. 9, 40

풀이 (시간)+(시간)=(시간)

3. (위에서부터) 80, 1, (8, 20)

풀이 분 단위끼리의 합이 60이거나 60보다 크면 60분을 1시간으로 받아올림합니다.

4. (위에서부터) 90, 1, (7, 30)

풀이 분 단위끼리의 합이 60보다 크므로 60분을 1시간으로 받아올림합니다.

155b

5. 7, 20

풀이 분은 분 단위끼리, 시간은 시간 단위끼리 더합니다.

6. 6, 55

7. 5, 35

8. 9, 38

9. 7, 10

풀이
```
      1 시      25 분
  +   5 시간    45 분
  ─────────────────────
      6 시      70 분
  +1 시간 ←  −60 분
  ─────────────────────
      7 시      10 분
```

10. 8, 35

풀이
```
      3 시간    55 분
  +   4 시간    40 분
  ─────────────────────
      7 시간    95 분
  +1 시간 ←  −60 분
  ─────────────────────
      8 시간    35 분
```

11. 9, 5

풀이
```
      3 시      30 분
  +   5 시간    35 분
  ─────────────────────
      8 시      65 분
  +1 시간 ←  −60 분
  ─────────────────────
      9 시       5 분
```

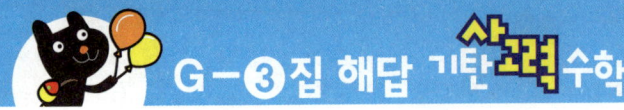

12. 10, 18

풀이
```
   6 시간   42 분
 + 3 시간   36 분
─────────────────
   9 시간   78 분
  +1 시간 ← −60 분
─────────────────
  10 시간   18 분
```

156a

1. (위에서부터) 90, 1, (5, 30)

풀이 초 단위끼리의 합이 60보다 크므로 60초를 1분으로 받아올림합니다.

2. (위에서부터) (5, 75, 85), (5, 76, 25), (6, 16, 25)

풀이 초 단위와 분 단위끼리의 합이 60보다 크므로 60초를 1분으로, 60분을 1시간으로 받아올림합니다.

156b

3. 2, 40, 25

풀이 초는 초 단위끼리, 분은 분 단위끼리, 시간은 시간 단위끼리 더합니다.

4. 9, 45, 50

5. 8, 31, 30

풀이
```
   3 시    15 분   50 초
 + 5 시간   15 분   40 초
──────────────────────────
   8 시    30 분   90 초
            +1 분 ←−60 초
──────────────────────────
   8 시    31 분   30 초
```

6. 4, 56, 25

풀이
```
   2 시간   25 분   30 초
 + 2 시간   30 분   55 초
──────────────────────────
   4 시간   55 분   85 초
            +1 분 ←−60 초
──────────────────────────
   4 시간   56 분   25 초
```

7. 6, 15, 50

풀이
```
   4 시    55 분   15 초
 + 1 시간   20 분   35 초
──────────────────────────
   5 시    75 분   50 초
  +1 시간 ← −60 분
──────────────────────────
   6 시    15 분   50 초
```

8. 10, 20, 15

풀이
```
   4 시간   25 분   10 초
 + 5 시간   55 분    5 초
──────────────────────────
   9 시간   80 분   15 초
  +1 시간 ← −60 분
──────────────────────────
  10 시간   20 분   15 초
```

9. 7, 1, 40

풀이
```
   5 시    15 분   50 초
 + 1 시간   45 분   50 초
──────────────────────────
   6 시    60 분  100 초
            +1 분 ←−60 초
──────────────────────────
   6 시    61 분   40 초
  +1 시간 ← −60 분
──────────────────────────
   7 시     1 분   40 초
```

10. 5, 23, 36

풀이
```
   2 시간   71 분   51 초
 + 2 시간   11 분   45 초
──────────────────────────
   4 시간   82 분   96 초
            +1 분 ←−60 초
──────────────────────────
   4 시간   83 분   36 초
  +1 시간 ← −60 분
──────────────────────────
   5 시간   23 분   36 초
```

157a

1. 9시 40분

풀이
```
   2 시     5 분
 + 7 시간   35 분
─────────────────
   9 시    40 분
```

2. 13시간 50분

풀이
```
              1
        8 시간    55 분
      + 4 시간    55 분
      ─────────────────
       13 시간    50 분
```

3. 8분 35초

풀이
```
        6 분   10 초
      + 2 분   25 초
      ──────────────
        8 분   35 초
```

4. 11분 10초

풀이
```
              1
        3 분   35 초
      + 7 분   35 초
      ──────────────
       11 분   10 초
```

5. 5시 45분 30초

풀이
```
        1 시    10 분    25 초
      + 4 시간   35 분     5 초
      ──────────────────────────
        5 시    45 분    30 초
```

6. 16시간 26분 5초

풀이
```
                   1
        9 시간   15 분   20 초
      + 7 시간   10 분   45 초
      ──────────────────────────
       16 시간   26 분    5 초
```

7. 12시 35분 55초

풀이
```
              1
        5 시    50 분   15 초
      + 6 시간   45 분   40 초
      ──────────────────────────
       12 시    35 분   55 초
```

8. 11시간 40분 14초

풀이
```
              1        1
        2 시간   57 분   26 초
      + 8 시간   42 분   48 초
      ──────────────────────────
       11 시간   40 분   14 초
```
초 단위와 분 단위끼리의 합이 60보다 크므로 60초를 1분으로, 60분을 1시간으로 받아올림합니다.

157b **9.** 8시 45분

풀이 (회사에 도착할 시각)
= (출발 시각)+(걸린 시간)
= 8시 5분+40분
= 8시 45분

10. 3시간 25분

풀이 (책을 읽은 시간)
= (오전에 읽은 시간)
  + (오후에 읽은 시간)
= 1시간 45분+1시간 40분
= 2시간 85분
= 3시간 25분

11. 15분 45초

풀이 (어제와 오늘 줄넘기를 한 시간)
= (어제 한 시간)+(오늘 한 시간)
= 7분 50초+7분 55초
= 14분 105초
= 15분 45초

12. 2시간 20분 15초

풀이 (내려오는 데 걸린 시간)
= (올라가는 데 걸린 시간)
  + (더 걸린 시간)
= 1시간 55분 30초+24분 45초
= 1시간 79분 75초
= 2시간 20분 15초

158a **1.** 5, 10

풀이 (시각)-(시간)=(시각)

2. 3, 35

풀이 (시간)-(시간)=(시간)

3. (위에서부터) (4, 60), (1, 50)

풀이 (시각)-(시각)=(시간)
분 단위끼리 뺄 수 없을 때에는 시간 단위에서 1시간을 60분으로 받아내림합니다.

4. (위에서부터) (8, 60), (6, 45)

풀이 분 단위끼리 뺄 수 없으므로 1시간을 60분으로 받아내림합니다.

158b

5. 7, 30

풀이 분은 분 단위끼리, 시간은 시간 단위끼리 뺍니다.

6. 4, 15   **7.** 2, 25

8. 4, 12

9. 1, 40

풀이
	4		60	
	5̶ 시	15 분	
−	3 시간	35 분	
	1 시	40 분	

10. 3, 55

풀이
	8		60	
	9̶ 시간	35 분	
−	5 시간	40 분	
	3 시간	55 분	

11. 5, 35

풀이
	7		60	
	8̶ 시	30 분	
−	2 시	55 분	
	5 시간	35 분	

12. 8, 23

풀이
	14		60	
	15̶ 시	16 분	
−	6 시간	53 분	
	8 시	23 분	

159a

1. 2, 5

풀이 초는 초 단위끼리, 분은 분 단위끼리 뺍니다.

2. (위에서부터) (5, 60), (3, 40, 15)

풀이 분 단위끼리 뺄 수 없으므로 1시간을 60분으로 받아내림합니다.

3. (위에서부터) (3, 60), (1, 25)

풀이 초 단위끼리 뺄 수 없으므로 1분을 60초로 받아내림합니다.

4. (위에서부터) (8, 15, 60), (5, 45, 20)

풀이 초 단위끼리 뺄 수 없으므로 분 단위에서 1분을, 분 단위끼리 뺄 수 없으므로 시간 단위에서 1시간을 받아내림합니다.

159b

5. 4, 25, 10

풀이 초는 초 단위끼리, 분은 분 단위끼리, 시간은 시간 단위끼리 뺍니다.

6. 8, 30, 15

7. 2, 10, 30

풀이
	55	60	
8 시간	5̶6̶ 분	25 초	
− 6 시간	45 분	55 초	
2 시간	10 분	30 초	

8. 5, 40, 15

풀이
	50	60	
9 시	5̶1̶ 분	5 초	
− 4 시	10 분	50 초	
5 시간	40 분	15 초	

9. 3, 40, 20

풀이
	6	60	
7̶ 시	35 분	35 초	
− 3 시간	55 분	15 초	
3 시	40 분	20 초	

10. 2, 55, 35

풀이
	3	60	
4̶ 시간	40 분	50 초	
− 1 시간	45 분	15 초	
2 시간	55 분	35 초	

11. 1, 25, 50

풀이
	60		
6	10	60	
7̶ 시	1̶1̶ 분	40 초	
− 5 시	45 분	50 초	
1 시간	25 분	50 초	

12. 3, 55, 45

풀이

	60	
4	45	60
5 시	46 분	30 초
− 1 시간	50 분	45 초
3 시	55 분	45 초

160a **1.** 7시간 5분

풀이

8 시	20 분
− 1 시	15 분
7 시간	5 분

2. 2시 40분

풀이

11	60
12 시	20 분
− 9 시간	40 분
2 시	40 분

3. 1분 20초

풀이

7 분	40 초
− 6 분	20 초
1 분	20 초

4. 9분 25초

풀이

13	60
14 분	20 초
− 4 분	55 초
9 분	25 초

5. 4시간 15분 10초

풀이

9 시간	30 분	45 초
− 5 시간	15 분	35 초
4 시간	15 분	10 초

6. 2시간 30분 45초

풀이

	55	60
10 시	56 분	5 초
− 8 시	25 분	20 초
2 시간	30 분	45 초

7. 4시 55분 35초

풀이

7	60	
8 시	25 분	40 초
− 3 시간	30 분	5 초
4 시	55 분	35 초

8. 4시간 35분 57초

풀이

11	21	60
12 시간	22 분	33 초
− 7 시간	46 분	36 초
4 시간	35 분	57 초

160b **9.** 4시 5분

풀이 (시작한 시각)
= (끝마친 시각) − (숙제한 시간)
= 4시 50분 − 45분
= 4시 5분

10. 오전 9시 45분

풀이 (시작된 시각)
= (끝난 시각) − (진행된 시간)
= 11시 40분 − 1시간 55분
= 10시 100분 − 1시간 55분
= 9시 45분

11. 7분 40초

풀이 (더 많이 걸린 시간)
= (은서가 학교에 가는 데 걸린 시간)
  − (경수가 학교에 가는 데 걸린 시간)
= 13분 10초 − 5분 30초
= 12분 70초 − 5분 30초
= 7분 40초

12. 2시간 25분 40초

풀이 (달린 시간)
= (도착한 시각) − (출발한 시각)
= 11시 1분 25초 − 8시 35분 45초
= 10시 60분 85초 − 8시 35분 45초
= 2시간 25분 40초

161a

1. (1) 오후 7시, 오후 8시 30분
   (2) 1시간 30분

2. (1) 1, 30   (2) 3, 30
   풀이 (1) 눈금 한 칸은 10분을 나타내므로 눈금 6칸은 1시간을 나타냅니다. 따라서 9시 50분부터 11시 20분까지는 1시간 30분입니다.
   (2) 1시 45분 →(3시간) 4시 45분
   →(30분) 5시 15분

3.
숫자	1	2	3	4	5	6	7	8	9	10	11	12
초	5	10	15	20	25	30	35	40	45	50	55	60

161b

4. (1) 7시 16분 47초
   (2) 2시 32분 19초
   풀이 (1) 초침이 숫자 9에서 작은 눈금 2칸을 더 지났으므로 47초입니다.
   (2) 디지털시계에서는 맨 뒤의 두 자리 수가 초를 나타냅니다.

5. (1)  (2)

6. (1) 210   (2) 475
   (3) 2, 40   (4) 8, 25
   풀이 (1) 3분 30초=3분+30초
   =180초+30초
   =210초
   (3) 160초=120초+40초
   =2분+40초
   =2분 40초

162a

1. (1) (2, 40), (2, 40)
   (2) 20, 20

2. (1) 11시 15분 40초
   (2) 13시간 22분 7초
   (3) 8시간 50분 35초
   (4) 3시간 59분 46초

풀이 (1)

		1			1	
	1시	39	분	45	초
+	9시간	35	분	55	초
	11시	15	분	40	초

(2)

		1			1	
	4시간	34	분	39	초
+	8시간	47	분	28	초
	13시간	22	분	7	초

(3)

			60			
	11		5		60	
	~~12~~시		~~6~~ 분		20	초
−	3시		15	분	45	초
	8시간		50	분	35	초

(4)

			60			
	10		31		60	
	~~11~~시		~~32~~ 분		12	초
−	7시간		32	분	26	초
	3시간		59	분	46	초

162b

3. 준호
   풀이 5분 10초=310초이고 310<320이므로 준호가 더 빨리 달렸습니다.

4. 1시 47분 24초
   풀이 초침이 한 바퀴를 돌면 1분이므로 6바퀴를 돌면 6분입니다.
   1시 41분 24초+6분=1시 47분 24초

5. 11시 10분 45초
   풀이 5시 55분 15초
   +5시간 15분 30초
   =10시 70분 45초
   =11시 10분 45초

6. 1시 24분 30초
   풀이 10시 30분 10초
   −9시간 5분 40초
   =10시 29분 70초−9시간 5분 40초
   =1시 24분 30초

163a

창의력 학습

m, 시, 분, 장, 원, 원, 시, 분, 시간

163b
창의력 학습

예 정문 ➡ 놀이동산 ➡ 식물원 ➡ 동물원 ➡ 식물원 ➡ 정문

35분+20분+30분+30분+50분
=165분=2시간 45분

164a
경시 대회 예상 문제

1. 시각, 시각, 시간

2. 25바퀴

풀이 분침이 숫자 5에서 숫자 10까지 갔으므로 25분이 걸렸습니다. 초침은 1분 동안 시계를 한 바퀴 돌므로 25분 동안 25바퀴 돕니다.

3.

이름	경기 기록(초)	경기 기록(분, 초)
현주	403초	6분 43초
민근	398초	6분 38초
수영	429초	7분 9초
승주	415초	6분 55초

풀이 • 403초=360초+43초
　　　=6분+43초
　　　=6분 43초

• 6분 38초=6분+38초
　　　　=360초+38초
　　　　=398초

• 7분 9초=7분+9초
　　　　=420초+9초
　　　　=429초

• 415초=360초+55초
　　　=6분+55초
　　　=6분 55초

164b
경시 대회 예상 문제

4. (1) 3, 32, 38
　 (2) 9, 15, 30

풀이 (1) 7시간 9분 23초
　　　 －3시간 36분 45초
　　　=6시간 68분 83초
　　　 －3시간 36분 45초
　　　=3시간 32분 38초

---

(2) 2시간 49분 37초
　 +6시간 25분 53초
　=8시간 74분 90초
　=9시간 15분 30초

5. (1) (위에서부터) 46, 44, 8
　 (2) (위에서부터) 9, 47, 24

풀이 (1) • 초 단위 계산
　　　　□+25=71, 71-25=□
　　　　□=46

　　　• 분 단위 계산
　　　　1+38+□=83, 39+□=83
　　　　83-39=□, □=44

　　　• 시간 단위 계산
　　　　1+3+4=□, □=8

(2) • 초 단위 계산
　　　60+17-53=□, □=24

　　• 분 단위 계산
　　　60+25-1-□=37, 84-□=37
　　　84-37=□, □=47

　　• 시간 단위 계산
　　　□-1-5=3, 3+5+1=□
　　　□=9

165a
경시 대회 예상 문제

6. 2시 38분, 9시 22분

풀이 '전'은 뺄셈으로, '후'는 덧셈으로 구합니다.

• 6시 33분-3시간 55분
　=5시 93분-3시간 55분
　=2시 38분

• 6시 33분+2시간 49분
　=8시 82분
　=9시 22분

7.

풀이 7시 36분 18초
+1시간 58분 29초
=8시 94분 47초
=9시 34분 47초

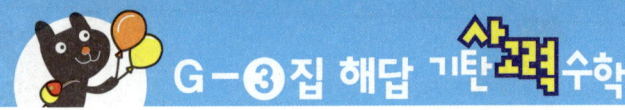

8.

풀이 8시 45분 10초-8분 44초
=8시 44분 70초-8분 44초
=8시 36분 26초

165b

경시 대회 예상 문제

9. 출발 시각 : 8시 25분 45초
도착 시각 : 10시 20분 3초
(달린 시간)
=(도착 시각)-(출발 시각)
=10시 20분 3초-8시 25분 45초
=9시 79분 63초-8시 25분 45초
=1시간 54분 18초
[답] 1시간 54분 18초

평가 기준

상	시각을 바르게 읽고, 달린 시간을 바르게 구했다.
하	시각은 바르게 읽었지만 달린 시간을 구하지 못했다.

10. (밤의 길이)
=24시간-(낮의 길이)
=24시간-13시간 32분 53초
=10시간 27분 7초
따라서 밤의 길이는 낮의 길이보다
13시간 32분 53초-10시간 27분 7초
=3시간 5분 46초
더 짧습니다.
[답] 3시간 5분 46초

평가 기준

상	밤의 길이를 구하여 답을 바르게 구했다.
하	밤의 길이는 구했으나 답을 구하지 못했다.

166a

1. 999, 990, 900

풀이 1000은 999보다 1 큰 수, 990보다 10 큰 수, 900보다 100 큰 수입니다.

2. (1) 7000, 칠천
(2) 5107, 오천백칠

풀이 (2) 1이 있는 자리의 숫자는 읽지 않고 그 자릿값만 읽습니다. 또, 숫자 0이 있는 자리는 숫자와 자릿값을 모두 읽지 않습니다.

3.

4	0	6	3
4000	0	60	3

166b

4. (1) 3997, 4000
(2) 5035, 5335
(3) 5678, 7678
(4) 6605, 6625

풀이 (1) 3998에서 3999로 일의 자리 숫자가 1 커졌으므로 1씩 뛰어 세기 한 것입니다.
(2) 5135에서 5235로 백의 자리 숫자가 1 커졌으므로 100씩 뛰어 세기 한 것입니다.
(3) 8678에서 9678로 천의 자리 숫자가 1 커졌으므로 1000씩 뛰어 세기 한 것입니다.
(4) 6585에서 6595로 십의 자리 숫자가 1 커졌으므로 10씩 뛰어 세기 한 것입니다.

5. (1) < (2) > (3) < (4) >

풀이 가장 높은 자리의 숫자부터 차례로 비교합니다.

6. 6, 7, 8, 9

풀이 천, 백, 십의 자리 숫자가 같으므로 234□가 2345보다 크려면 □ 안에는 5보다 큰 숫자인 6, 7, 8, 9 가 들어가야 합니다.

167a

1. 3000개

풀이 한 상자에 100개씩 들어 있는 초콜릿이 10상자 있으면 1000개입니다. 따라서 100개씩 30상자에 들어 있는 초콜릿은 모두 3000개입니다.

※해답은 따로 보관하고 있다가 채점할 때 사용해 주세요.

2. 7550원

[풀이] 천 원짜리 7장 : 7000원
백 원짜리 5개 :　500원
십 원짜리 5개 :　　50원
　　　　　　　　　7550원

3. 5500원

[풀이] 3400부터 300씩 7번 뛰어 세기를 합니다.

3400-3700-4000-4300┐
└4600-4900-5200-5500

4. 10000, 만(일만)

167b 받아올림과 받아내림에 주의하면서 일의 자리부터 차례로 계산합니다.

5. 1041　　　**6.** 546

7. 1532　　　**8.** 143

9. 1179　　　**10.** 285

11. 1308　　　**12.** 319

13. 1264　　　**14.** 647

168a **1.** (1) 436　　　(2) 705

(3)　　8 8 [7]　　(4)　　6 [7] 3
　　　+ 6 [4] 5　　　　 - 1 7 [6]
　　　1 [5] 3 2　　　　　[4] 9 7

[풀이] (1) 278+□=714
714-278=□, □=436
(2) □-347=358
358+347=□, □=705
(3) 일의 자리 : □+5=12
12-5=□, □=7
십의 자리 : 1+8+□=13
9+□=13
13-9=□, □=4
백의 자리 : 1+8+6=15, □=5
(4) 일의 자리 : 10+3-□=7
13-□=7
13-7=□, □=6

십의 자리 : 10+□-1-7=9
10+□=17
17-10=□, □=7
백의 자리 : 6-1-1=4, □=4

2. (1)　　585 + 949
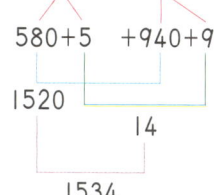
580+5　+940+9
1520
　　　14
　　1534

(2)　　790 - 493

(790+7)-(493+7)

797　-　500
　　297

168b **3.** [식] 569+632=1201
[답] 1201명

4. [식] 720-148=572
[답] 572권

5. 1188, 718

[풀이] 가장 큰 수 : 953
가장 작은 수 : 235
➡ 합 : 953+235=1188
차 : 953-235=718

6. 753

[풀이] 어떤 수를 □라고 하면
□+357=735, 735-357=□
□=378
입니다. 따라서 바르게 계산하면
378+375=753
입니다.

169a **1.** (1) 각 ㄱㄴㄷ(각 ㄷㄴㄱ)
(2) 점 ㄴ
(3) 변 ㄴㄱ
　　변 ㄴㄷ

2.

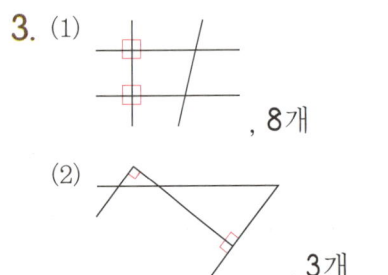

풀이 각 ㄴㄷㄹ의 꼭짓점은 점 ㄷ,
각 ㅂㅁㅅ의 꼭짓점은 점 ㅁ입니다.

3. (1)

, 8개

(2)

, 3개

169b

4. ㄷ, ㅂ

5. ㄴ, ㄹ, ㅁ

6. ㄹ, ㅁ

7. 예 네 각이 모두 직각이 아니기
때문입니다.

풀이 네 변의 길이가 모두 같지만 네
각이 모두 직각이 아니기 때문에 정
사각형이 아닙니다.

170a

1. 5개

풀이

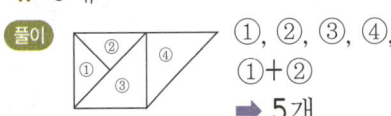

①, ②, ③, ④,
①+②
➡ 5개

2. 8개

풀이

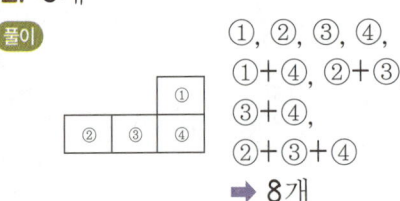

①, ②, ③, ④,
①+④, ②+③,
③+④,
②+③+④
➡ 8개

3. 7개

풀이

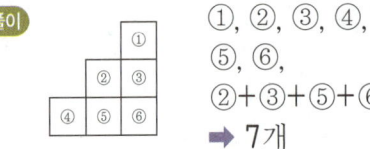

①, ②, ③, ④,
⑤, ⑥,
②+③+⑤+⑥
➡ 7개

4. 8 cm

풀이 (직사각형 네 변의 길이의 합)
=10+6+10+6=32 (cm)
정사각형 한 변의 길이를 □ cm라고
하면
□+□+□+□=□×4=32에서
8×4=32이므로 □=8입니다.

170b

5. 8

6. 6

7. 4

8. 2

9. 9

10. 7

11. 3

12. 8

13. 9

14. 5

171a

1. (1) >   (2) <
(3) =   (4) >

2. ㄴ, ㄹ, ㄷ, ㄱ

풀이 ㄱ □=3, ㄴ □=9
ㄷ □=4, ㄹ □=7

3. 6

풀이 6의 단 곱셈구구를 이용하여
해결하면 6×6=36이므로 □ 안에
공통으로 들어갈 숫자는 6입니다.

4. 9

풀이 • 20÷■=4 ↔ 5×4=20
■=5
• 45÷●=5 ↔ 9×5=45, ●=9

171b

5. (7, 28), (28, 4, 7), 7칸

6. [식] 30÷6=5   [답] 5 cm

7. 14개

풀이 1분 동안 접을 수 있는 종이학
의 수는 10÷5=2(개)입니다.
따라서 7분 동안에는 2×7=14(개)
접을 수 있습니다.

8. 3

풀이 어떤 수를 □라고 하면
□÷4=6 ↔ 4×6=24, □=24
입니다. 따라서 바르게 계산하면
24÷8=3입니다.

172a

1.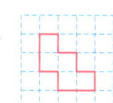

2.

3.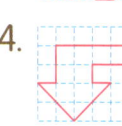

4.

172b

5.

6.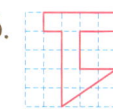

7.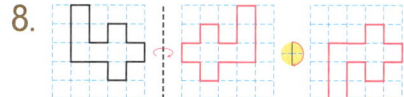

8.

173a

1.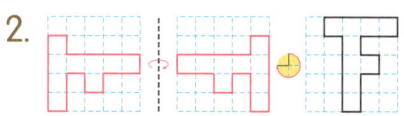

풀이 위쪽 부분이 왼쪽 → 아래쪽 →
오른쪽 → 위쪽으로 바뀌었으므로
( ) 방향으로 돌린 것입니다.

2.

풀이 오른쪽 그림을 방향으로
돌리고, 다시 왼쪽으로 뒤집습니다.
그런 다음 찾은 모양을 다시 움직여
보고, 모양이 맞는지 확인해 봅니다.

3.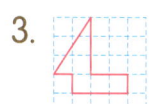

풀이 방향으로 돌리기 한 규칙
입니다.

173b

4. 560
5. 68
6. 243
7. 75
8. 116
9. 174
10. 106
11. 81
12. 264
13. 588

174a

1. ㉡, ㉢, ㉠, ㉣

풀이 ㉠ 20×2=40
㉡ 21×5=105
㉢ 24×4=96
㉣ 13×3=39

2. 66, 8

풀이 • 22×3=66
• 66×□=528에서 일의 자리 곱인
6×□의 일의 자리 숫자가 8이므
로 □는 3 또는 8입니다.
□=3일 때 : 66×3=198(×)
□=8일 때 : 66×8=528(○)
따라서 □=8입니다.

3. 4, 284

풀이 여러 가지 수를 곱하는 수의 □
안에 넣어 봅니다.
71×3=213, 71×4=284
71×5=355, 71×6=426

4. 7, 8, 9

풀이 53×5=265이므로 42×□가
265보다 큰 경우를 찾습니다.
42×9=378, 42×8=336
42×7=294, 42×6=252
따라서 □ 안에 들어갈 수 있는 수는
6보다 큰 수인 7, 8, 9입니다.

174b

5. [식] 30×6=180   [답] 180명

6. 40개

풀이 15×3=45(개), 45−5=40(개)

7. 98명

풀이 5×19=95(명), 95+3=98(명)

8. 392

(풀이) 어떤 수를 □라고 하면 □÷7=8 ➡ 8×7=□, □=56 입니다. 따라서 바르게 계산하면 56×7=392입니다.

175a

1. 〔예〕 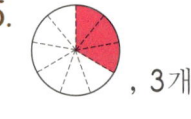 , 10

(풀이) 18을 똑같이 9묶음으로 나누면 한 묶음은 2입니다. 따라서 18의 $\frac{1}{9}$은 2이고 $\frac{5}{9}$는 2×5=10입니다.

2. (1) 15   (2) 35

(풀이) (1) 25를 똑같이 5묶음으로 나눈 것 중의 한 묶음은 5이므로, 25의 $\frac{3}{5}$은 5×3=15입니다.

(2) 56을 똑같이 8묶음으로 나눈 것 중의 한 묶음은 7이므로, 56의 $\frac{5}{8}$는 7×5=35입니다.

3. 〔예〕 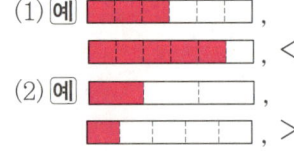 ,

$\frac{1}{8}, \frac{2}{8}, \frac{5}{8}$

(풀이) 그림을 2개씩 묶으면 8묶음이 됩니다. 따라서 2는 16의 $\frac{1}{8}$, 4는 16의 $\frac{2}{8}$, 10은 16의 $\frac{5}{8}$입니다.

4. (1) $\frac{1}{7}\left(\frac{5}{35}\right)$ (2) $\frac{5}{6}\left(\frac{15}{18}\right)$

(풀이) (1) 5는 35를 똑같이 5씩 7묶음으로 나눈 것 중의 1묶음이므로 5는 35의 $\frac{1}{7}$입니다. 또, 5는 35를 똑같이 1씩 35묶음으로 나눈 것 중의 5묶음이라고 생각하여 5는 35의 $\frac{5}{35}$라고 쓸 수도 있습니다.

(2) 15는 18을 똑같이 3씩 6묶음으로 나눈 것 중의 5묶음이므로 15는 18의 $\frac{5}{6}$입니다.

175b

5. , 3개

6. (1) 2   (2) 10

7. (1) 〔예〕 , ,

  <

(2) 〔예〕 ,

  , >

8. (1) <   (2) >   (3) >   (4) <

(풀이) 가로 선의 아래쪽에 있는 수가 같은 분수는 가로 선의 위쪽에 있는 수가 클수록 크고, 가로 선의 위쪽에 있는 수가 1인 분수는 가로 선의 아래쪽에 있는 수가 작을수록 큽니다.

176a

1. 8개

(풀이) 28을 똑같이 7묶음으로 나누면 한 묶음은 4이므로, 28의 $\frac{1}{7}$은 4이고 $\frac{2}{7}$는 4×2=8입니다.

2. $\frac{4}{6}$

(풀이) 연필 12자루를 2자루씩 묶으면 6묶음입니다. 6묶음 중 4묶음을 동생에게 주었으므로 $\frac{4}{6}$만큼 준 것입니다.

3. 11배

(풀이) 빨간 공은 전체 공의 $\frac{11}{12}$이고, $\frac{11}{12}$은 $\frac{1}{12}$이 11개인 수이므로 빨간 공은 파란 공의 11배입니다.

4. 난희

풀이 난희가 먹은 컵에 남아 있는 콜라는 전체의 $\frac{4}{6}$이고, 유미가 먹은 컵에 남아 있는 사이다는 전체의 $\frac{2}{6}$입니다.

$$4 > 2 \Rightarrow \frac{4}{6} > \frac{2}{6}$$

따라서 컵에 남아 있는 음료수는 난희의 것이 더 많습니다.

176b

5. 4 cm 8 mm

풀이 색 테이프의 길이를 자로 재어 보면 숫자 4에서 작은 눈금 8칸을 더 차지하므로 4 cm 8 mm입니다.

6. 9, 100

풀이 1 km=1000 m를 10칸으로 똑같이 나누었을 때 작은 눈금 한 칸의 길이는 100 m입니다.

7. 8시 11분 23초

풀이 초침이 숫자 4에서 작은 눈금 3칸을 더 지났으므로 23초입니다.

8.

풀이 46초이므로 초침이 숫자 9에서 작은 눈금 1칸만큼 더 지난 곳을 가리키도록 그립니다.

177a

1. 10 cm 3 mm

2. 9 cm 4 mm

3. 12 km 160 m

4. 7 km 620 m

5. 10시 29분

6. 8시 54분

7. 13시간 10분 30초

8. 6시간 15분 45초

177b

9. 800 m

풀이 7 km 600 m−6 km 800 m
=6 km 1600 m−6 km 800 m
=800 m

10. 14 km 400 m

풀이 7 km 600 m+6 km 800 m
=13 km 1400 m
=14 km 400 m

11. 4시간 53분

풀이 오전 8시 27분에서 낮 12시까지는 3시간 33분이고, 낮 12시부터 오후 1시 20분까지는 1시간 20분입니다. 따라서 올라갈 때 걸린 시간은
3시간 33분+1시간 20분
=4시간 53분
입니다.

다른 풀이
오후 1시 20분−오전 8시 27분
=13시 20분−8시 27분
=12시 80분−8시 27분
=4시간 53분

178a 예

창의력 학습

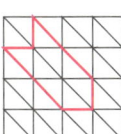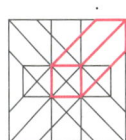

178b 5개

창의력 학습

풀이 정사각형은 네 변의 길이가 모두 같으므로 16개를 4묶음으로 나누면 16÷4=4(개)씩 묶으면 됩니다.

(한 변의 바둑돌 수)
=4+1
=5(개)

179a
경시 대회 예상 문제

1. 4

풀이 1000이 4개 ➡ 4000
100이 12개 ➡ 1200
10이 25개 ➡ 250
1이 36개 ➡ 36
5486

따라서 5486에서 백의 자리 숫자는 4입니다.

2. 3462와 3490 사이의 수 중에서 일의 자리 숫자가 5인 가장 작은 수는 3465입니다. 3465에서 10씩 뛰어서 세면 3465-3475-3485-3495입니다. 따라서 3462와 3490 사이의 수 중에서 일의 자리 숫자가 5인 수는 3465, 3475, 3485로 모두 3개입니다.
[답] 3개

평가 기준	
상	뛰어 세기를 이용한 풀이 과정을 써서 답을 구했다.
하	풀이 과정은 바르게 썼으나 답을 구하지 못했다.

3. 1887

풀이 일의 자리 숫자가 9인 세 자리 수는 □□9이고, □□9에서 십의 자리 숫자는 0이 아니고 백의 자리 숫자는 십의 자리 숫자의 3배이므로 319, 629, 939입니다.
따라서 319+629+939=1887입니다.

179b
경시 대회 예상 문제

4. 1116, 378

풀이 • ★-478=269
269+478=★, ★=747
• 131+♣=500
500-131=♣, ♣=369
합 : 747+369=1116
차 : 747-369=378

5. (정사각형의 네 변의 길이의 합)
=10+10+10+10=40 (cm)
직사각형의 세로의 길이를 □ cm라고 하면 9+□+9+□=40입니다.
18+□+□=40, □+□=22
□=11
[답] 11 cm

평가 기준	
상	정사각형의 네 변의 길이의 합을 구해, 직사각형의 세로의 길이를 구했다.
하	정사각형의 네 변의 길이의 합은 구했으나 직사각형의 세로의 길이를 구하지 못했다.

6. 7 m

풀이 민희는 1초에 5 m를 달리므로 35 m를 달리는 데 걸린 시간은 35÷5=7(초)입니다. 또, 성찬이는 1초에 6 m를 달리므로 7초 동안에는 6×7=42 (m)를 달립니다. 따라서 성찬이는 민희의 42-35=7 (m) 앞에서 달리고 있습니다.

180a
경시 대회 예상 문제

7. 예 • 오른쪽으로 뒤집은 후 방향으로 돌렸습니다.
• 방향으로 돌린 후 왼쪽으로 뒤집었습니다.

평가 기준	
상	2가지 방법을 모두 바르게 썼다.
하	1가지 방법만 바르게 썼다.

8. 8

풀이 1부터 9까지의 수를 각각 3번 곱해서 나오는 수의 일의 자리 숫자는 다음과 같습니다.
1 ➡ 1, 2 ➡ 8, 3 ➡ 7, 4 ➡ 4,
5 ➡ 5, 6 ➡ 6, 7 ➡ 3, 8 ➡ 2,
9 ➡ 9
따라서 8×8×8=512입니다.

9. (1)
$$\begin{array}{r} \boxed{1}\,4 \\ \times\ \ \boxed{7} \\ \hline 9\,8 \end{array}$$

(2)
$$\begin{array}{r} \boxed{5}\,\boxed{4} \\ \times\ \ \ 4 \\ \hline 2\,1\,6 \end{array}$$

풀이 (1)
$$\begin{array}{r} ⓐ\,4 \\ \times\ \ \ ⓑ \\ \hline 9\,8 \end{array}$$

4×ⓑ에서 일의 자리 숫자가 8인 경우는 4×2 또는 4×7일 때입니다.
• ⓑ=2일 때 : ⓐ×2=9를 만족하는 ⓐ은 없습니다.
• ⓑ=7일 때 : ⓐ×7+2=9
$$ⓐ×7=7, ⓐ=1$$

(2)
$$\begin{array}{r} ⓐ\,ⓑ \\ \times\ \ \ 4 \\ \hline 2\,1\,6 \end{array}$$

ⓑ×4에서 일의 자리 숫자가 6인 경우는 4×4 또는 9×4일 때입니다.
• ⓑ=4일 때 : ⓐ×4+1=21
$$ⓐ×4=20, ⓐ=5$$
• ⓑ=9일 때 : ⓐ×4+3=21
ⓐ×4=18을 만족하는 ⓐ은 없습니다.

180b 10. $\frac{1}{5} > \frac{1}{6}$ 이므로 하늘이가 보라보다 더 많이 먹었고, $\frac{1}{5} < \frac{3}{5}$ 이므로 은서가 하늘이보다 더 많이 먹었습니다. 따라서 은서가 빵을 가장 많이 먹었습니다.
[답] 은서

평가 기준	
상	분수의 크기 비교를 하여 답을 바르게 구했다.
하	분수의 크기 비교는 했으나 답을 구하지 못했다.

11. 서점, 25 m

풀이 • 문구점을 거쳐 갈 때
1850 m+2 km 75 m
=1 km 850 m+2 km 75 m
=3 km 925 m
• 서점을 거쳐 갈 때
950 m+2 km 950 m
=2 km 1900 m
=3 km 900 m
따라서 서점을 거쳐 가는 것이
3 km 925 m−3 km 900 m=25 m
더 가깝습니다.

12. 11시 30분

풀이 • 1교시 수업 시작 : 9시
• 1교시 수업 끝 : 9시 40분
• 2교시 수업 시작 : 9시 50분
• 2교시 수업 끝 : 10시 30분
• 3교시 수업 시작 : 10시 40분
• 3교시 수업 끝 : 11시 20분
• 4교시 수업 시작 : 11시 30분

종료 테스트 1. (1) 7, 7000 (2) 십, 90

풀이 7395의 각 숫자와 자릿값

	천의 자리	백의 자리	십의 자리	일의 자리
숫자	7	3	9	5
수	7000	300	90	5

2. 8520, 2058

풀이 • 가장 큰 수를 만들려면 큰 숫자부터 차례로 천, 백, 십, 일의 자리에 놓습니다. ➡ 8520
• 가장 작은 수를 만들려면 작은 숫자부터 차례로 천, 백, 십, 일의 자리에 놓습니다. 단, 0은 천의 자리에 놓을 수 없습니다. ➡ 2058

3. [식] 563−274=289
[답] 289명

4. 901

풀이 □−354=547
547+354=□, □=901

5. ㉠, ㉣

풀이 직각삼각형은 세 각 중 한 각이 직각인 삼각형이므로 삼각형의 세 각에 삼각자의 직각 부분을 대어 보고, 세 각 중 한 각이 직각인 삼각형을 찾습니다.

6. (1) ㉠, ㉡, ㉢
　　(2) ㉡, ㉢

풀이 (1) 사각형 중에서 네 각이 모두 직각인 사각형을 찾습니다.
(2) 직사각형 중에서 네 변의 길이가 모두 같은 사각형을 찾습니다.

7. 5개

풀이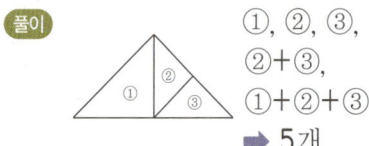

①, ②, ③,
②+③,
①+②+③
➡ 5개

8. 8, (8, 6)

풀이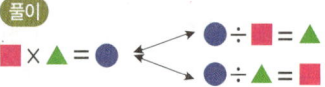

9. ㉠ 4, ㉡ 8, ㉢ 3, ㉣ 3

풀이 • 24÷6=4, ㉠=4
• ㉡÷2=4 ⬅ 4×2=8, ㉡=8
• 24÷㉢=㉢, 24÷8=㉢, ㉢=3
• 6÷2=3, ㉣=3

10. 48

풀이 ■ 안의 수를 6으로 나눈 몫이 ● 안에 있는 수입니다.
■÷6=8 ⬅ 8×6=48, ■=48

11.

12.

풀이 움직이기 전의 도형을 그리려면 움직인 방법을 거꾸로 생각하면 됩니다.

13. 0, 1, 2, 3, 4

풀이 34×4=136이고
28×4=112, 28×5=140이므로, □ 안에 들어갈 수 있는 수는 5보다 작은 수인 0, 1, 2, 3, 4입니다.

14. 92개

풀이 • 돼지의 다리 : 4×16=64(개)
• 닭의 다리 : 2×14=28(개)
➡ 합 : 64+28=92(개)

15. ㉠

풀이 ㉠ 14, ㉡ 9, ㉢ 10, ㉣ 12

16. ㉠ 3, ㉡ 5

풀이 35를 똑같이 5로 나눈 것 중의 1은 7이므로 21은 35를 똑같이 5로 나눈 것 중의 3입니다. 또, 27을 똑같이 9로 나눈 것 중의 1은 3이므로 15는 27을 똑같이 9로 나눈 것 중의 5입니다.
따라서 ㉠은 3이고, ㉡은 5입니다.

17. 30 cm 3 mm

풀이 두 테이프의 길이의 합에서 겹쳐진 부분의 길이를 뺍니다.
17 cm 1 mm+21 cm 9 mm−87 mm
=38 cm 10 mm−87 mm
=38 cm 10 mm−8 cm 7 mm
=30 cm 3 mm

18. 2 km 10 m

풀이 455 m+455 m+1 km 100 m
=910 m+1 km 100 m
=1 km 1010 m
=2 km 10 m

19. 11시 20분

풀이 10시 45분+35분=10시 80분
　　　　　　　　　　　=11시 20분

20. 1시간 47분 16초

풀이 5시 24분 5초−3시 36분 49초
=4시 83분 65초−3시 36분 49초
=1시간 47분 16초